雞尾酒的
黃金方程式

套用公式，
你也能輕鬆調製一杯杯美味的雞尾酒。

調酒師在吧台後面舉止高雅的為賓客調酒與倒酒；意氣相投的倆人舉杯共飲，共同享受一段歡愉的時光……。總之，不論在任何時候或是和任何人相聚，雞尾酒都可以為我們譜出一個歡樂的樂章。

在酒吧享受調酒師精心調製的雞尾酒固然令人心情暢快，但是，如果能夠自己調製雞尾酒的話，其實也有另一種樂趣。然而也有人曾經嘗試自行調配雞尾酒而遭到挫折，最後的結論是——只有調酒師才能調出美味的雞尾酒。相信這是很多人的共同心聲。

本書採用「方程式」的解說方式，詳細介紹雞尾酒的基本做法(搖盪法、攪拌法、直接注入法、電動攪拌法)與要領，因此，一向被視為難以調製的雞尾酒，只要記住書上介紹的「基本方程式」，一定可以順利調配出來美味可口的雞尾酒。

此外，本書還詳細介紹雞尾酒之王的「馬丁尼」、雞尾酒之后的「曼哈頓」、以及「琴蕾」、「俄羅斯吉他」、「莫斯科騾子」、「戴吉利」、「瑪格麗特」、「側車」、「基爾」、「綠色蚱蜢」等十種雞尾酒的標準配方，並且藉由材料品牌的變換與組合比例的調整，分別調配出「標準」、「比標準更澀味」、「比標準更淡味」等三種不同風味。

總之，根據本書所介紹的基本方程式，讀者即可輕易學會複雜難懂的雞尾酒調配方法，並可進一步享受調配雞尾酒的樂趣了。

目　錄

以伏特加為基酒

本書的使用方法

雞尾酒的調製方法

酒精度數

適合飲用的時間帶

雞尾酒的方程式
介紹2種材料的方程式
以及3種材料的方程式

雞尾酒名

雞尾酒照片
調配完成的雞尾酒
照片

雞尾酒的特徵

雞尾酒的材料
介紹調配雞尾酒所
用到的材料

雞尾酒的調製用具
介紹調配雞尾酒所用到
的用具與酒杯

雞尾酒的做法

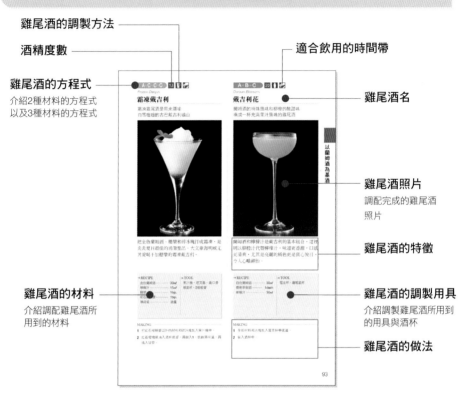

〔符號的意義〕

酒精度數

S 0	……標準
D 0	……澀味
M 0	……淡味

調製雞尾酒的方法

	……搖盪法
	……攪拌法
	……直接注入法
	……混合法

適合飲用的時間帶

	……餐前酒
	……餐後酒
	……全天候飲用型

〔雞尾酒方程式的使用方法〕

2種材料組成的方程式

A＋B ……「基酒」＋「酒」

A＋C ……「基酒」＋「配料」

3種材料組成的方程式

A＋B＋B ……「基酒」＋「酒」＋「酒」

A＋B＋C ……「基酒」＋「酒」＋「配料」

A＋C＋C ……「基酒」＋「配料」＋「配料」

※附帶介紹由4、5種材料調配而成的雞尾酒

基本單位與基準

1drop=約1/5㎖（苦味瓶1滴的份量）

1dash=約1㎖（苦味瓶甩1次的份量）

1tsp.=約5㎖（吧叉匙1匙的份量）

1grass=約60㎖

1cup=約200㎖

Equation of Cocktail

雞尾酒的方程式

A — base alcohol
B — another alcohol
A＋B cocktail

A＋C cocktail
C — another drink
A — base alcohol

雞尾酒的方程式

Cocktail

一般人都是在酒吧喝到雞尾酒，因此通常都會認為調製雞尾酒是一項專門技藝。不可否認的，懂得調配技術的人才能夠調製出美味的雞尾酒，不過，只要熟記其中的「方程式」，想要調配好喝的雞尾酒就不是一件難事了。

何謂「雞尾酒的方程式」

所謂雞尾酒，就是由2種以上的材料所調配而成的一種飲料。這種解釋看似簡單，但是，酒的種類多不勝數，再加上各種不同的配料，目前可以調配出的雞尾酒算得上琳瑯滿目，甚至到了令人眼花撩亂的程度。因此，想要調配雞尾酒，首先就要記住其中的方程式。

調配雞尾酒並非隨便組合各種材料，而是必須先決定「基酒」，其次再考慮所要搭配的其他材料，於是就出現了所謂的「方程式」。接下來就要考慮調配雞尾酒的「方法」，這時也會用到「方程式」。因此，務必熟記這兩種方程式，才能調配出美味的雞尾酒。

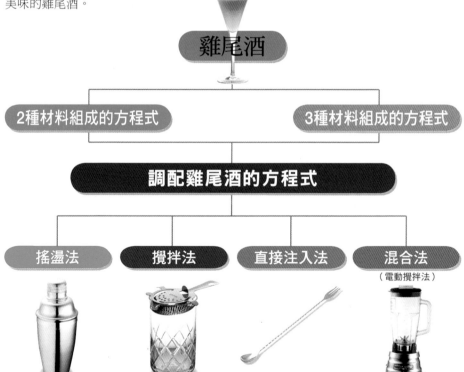

雞尾酒

2種材料組成的方程式　　　　3種材料組成的方程式

調配雞尾酒的方程式

搖盪法　　攪拌法　　直接注入法　　混合法
（電動攪拌法）

▽ 雞尾酒的3種材料

　　當你打算記住雞尾酒的方程式的時候，首先要謹記在心的就是有關材料的分類。雞尾酒的材料共可分為3大類，只要謹記這一點，就可以順利調配出許多雞尾酒。

基酒

調製雞尾酒並非把各種材料胡亂調配一番，而是以一種酒做為基礎，再加上其他不同的材料所調製而成，這裡就把「基酒」設定為**A**。

【主要的基酒】

琴酒、伏特加、蘭姆酒、龍舌蘭酒、威士忌、白蘭地、葡萄酒、香甜酒、啤酒、日本酒、燒酎等等，其他還有許多酒類可供應用。

基酒以外的酒

基酒以外的酒一律用**B**來代表。例如：使用琴酒做為基酒的話，琴酒以外的酒一律以「**B**」稱之。此類酒類的主要作用在於增加雞尾酒的韻味。

【基酒以外的主要酒類】

琴酒、伏特加、蘭姆酒、龍舌蘭酒、威士忌、白蘭地、葡萄酒、香甜酒、啤酒、日本酒、燒酎以及其他的蒸餾酒類。

酒類以外的配料

碳酸飲料、果汁、檸檬汁、糖漿等不含酒精的飲料，一律以「**C**」稱之。主要作用在於增加雞尾酒的風味，喝起來更香甜順口。

【主要的配料】

蘇打汽水、通寧汽水、薑汁汽水、可樂與其他碳酸飲料、柑橘類果汁、果汁、糖漿等等。

2種材料組成的方程式

「雞尾酒」原本就是指由2種以上的材料調配而成的飲料，由此可知，最少也要備有2種材料，才可以調製出雞尾酒。以下就介紹2種材料就可以調配的基本知識。

「基酒」＋「果汁」立刻可以調製出雞尾酒

只要準備2種以上的材料，即可輕易調製出雞尾酒，不過，正因為只有兩種材料，基酒的味道會比較濃，因此只要份量稍有改變，整個味道就會出現很大的差距。

初學者不妨先選用比較沒有特殊味道的酒類（如伏特加、琴酒等等），再搭配其他的酒類、果汁或碳酸飲料等配料來調製雞尾酒。

利用2種材料調製雞尾酒的話，大略可分為兩種方法，其一是基酒（A）加上不同的酒（B），此法稱為（A+B）；另一是基酒（A）加上無酒精飲料（C），此法稱為（A+C）。

以2種材料調製雞尾酒的要領

★第一步是決定基酒

琴酒、伏特加、蘭姆酒、龍舌蘭酒、威士忌、白蘭地、葡萄酒、香甜酒、啤酒、日本酒等等，選擇其中一種做為「基酒」。

★其次是決定配合的材料

選擇不同於基酒的酒類，或是採用汽水類、果汁類等做為配料。初學者可以選擇香甜酒做為配合的酒類，或是選用果汁做為配料。

2種材料調配而成的雞尾酒方程式

選用比較沒有特殊味道的酒類（如伏特加、琴酒等等），初學者不妨選用香甜酒來調配。尤其要注意的是，其他酒類（B）的份量絕對不可超過基酒。

一開始不妨多準備幾種配料，例如果汁、碳酸飲料、通寧汽水、柑橘類果汁等等，很快就可以調配出美味可口的雞尾酒。

A+B　組合而成的雞尾酒

基酒（A）混合另一種酒（B），就可以調配出味道完全不同於基酒的雞尾酒。

Point　B的份量不可比A多，以免搶了基酒的風味。

基酒

其他酒類

A+B的雞尾酒
「馬丁尼（P.34）」

A+C　組合而成的雞尾酒

基酒（A）與配料（C）混合而成的雞尾酒，可以降低基酒的酒精濃度，喝起來更順口。

Point　與其改變基酒的種類，不如變換配料的材料，更可以變化出各種不同口味的雞尾酒。

基酒

配料用的飲料

A+C的雞尾酒
「琴蕾（P.48）」

15

Cocktail

3種材料組成的方程式

調配的材料達到3種的話,所能調配出來的雞尾酒種類就更琳瑯滿目了。不過,重點在於如何讓3種材料混合出美味均衡的雞尾酒風味。學會以下所述的方程式,即可輕易調出美味的雞尾酒。

「基酒」+「2種材料」混合出更複雜的風味

使用3種材料調配雞尾酒時,基本材料分別是基酒(A)、其他酒類(B)、果汁(C)的組合。

A+B+C的基本比例為2:1:1,不過,最重要的原則是絕對不可以搶走基酒的風味。熟練之後,可隨自己喜好更動各種材料之間的混合比例。

其他的調配方式還包括有:基酒加上兩種酒類(A+B+B)、基酒加上兩種配料(A+C+C)。

以3種材料調製雞尾酒的要領

★基本比例是2:1:1
增加一種材料所產生的風味就更為複雜,因此,請務必記住3種材料的基本混合比例為2:1:1。如果使用比較沒有特殊味道的酒類(如伏特加、琴酒等等)做為基酒的話,混合比例也可以改為1:1:1。

★準備一瓶香甜酒非常方便好用
選用水果系列的香甜酒做為基酒的話,調配雞尾酒就更方便了。請參考本書所介紹的配方試著調配出各種不同風味的雞尾酒。

3種材料調配而成的雞尾酒方程式

3種酒類調配而成的雞尾酒的酒精濃度較高,味道比較強烈。

這是最均衡的搭配方式,B、C的比例不宜太多,以免搶了基酒的味道。

A plus **C** plus **C**
基酒　　配料　　配料

這個搭配方式是由基酒加上果汁類、糖漿類調配而成,酒精的度數必須嚴加控制。

16

A+B+B　組合而成的雞尾酒

調配出來的酒味比較濃厚，掌控上比較困難。

 Point　材料B的份量必須少於或等於基酒。

基酒　　　　其他酒類　　　其他酒類

A+B+B的雞尾酒
「曼哈頓（P.122）」

A+B+C　組合而成的雞尾酒

最容易的組合是基酒（A）加上香甜酒（B）和果汁（C）。

Point　A：B：C＝2：1：1，請記住這個基本比例。

基酒　　　　其他酒類　　　配料

A+B+C的雞尾酒
「側車（P.142）」

A+C+C　組合而成的雞尾酒

可以利用果汁的份量來調整酒精濃度。

Point　不要添加過多果汁以免太甜。

基酒　　　　配料　　　　配料

A+C+C的雞尾酒
「莫斯科騾子（P.74）」

Cocktail

搖盪法的方程式

一談到調製雞尾酒，首先讓人想到的就是「搖盪法」（Shake），搖盪的動作看似簡單，其實每個動作都具有深奧的意義。因此，以下將會詳細介紹基本要領，讓初學者也能夠輕鬆學會。

何謂「搖盪法」（Shake）？

搖盪法可以產生其他調製法所沒有的獨特效果。根據材料組合與所要產生的風味再決定是否採用搖盪法，所以，一定要事先熟知搖盪法所能夠產生的效果，才能夠做正確的選擇。

Point 1 混合

雪克杯可以達到完全密閉的效果，因此全部材料可以在杯裡充分混勻，尤其是使用到最難混合的鮮奶油的話，只要用力搖盪，一定可以達到完全混合均勻的狀態。

Point 2 冷卻

冰塊可以放入雪克杯，搖盪時自然可使得杯裡的材料達到冷卻效果，調配出冰冷的雞尾酒。所以，冰塊不妨多放一些。

Point 3 增加水份

雪克杯放冰塊的話，經過搖盪之後，冰塊會溶解成水份，使得雞尾酒含有少量水份，口感更滑順。增加搖盪的次數，就會增加溶出的水份，因此，搖盪次數不宜過多，以免水份太多而影響口感。

Point 4 更滑順

搖盪雞尾酒的材料時，氣泡中會含有適度的空氣，喝起來就會更滑順。再者，冰塊會在雪克杯碰撞成小碎冰，可以增加雞尾酒的口感。

搖盪法的方程式

只要備妥雪克杯、冰、酒等材料的話，即可採用搖盪法，請記住以下的方程式。

雪克杯　　　　　　　　材料　　　　　　　　　　冰塊

搖盪的原則

搖盪次數較多時

搖盪次數越多的話，冰塊溶出的水份就越多，使雞尾酒變淡。再者，蛋與乳製品比較不易混合，所以應增加搖盪的次數。

使用鮮奶油調成的雞尾酒「亞歷山大」（P.147）必須增加搖盪次數。

搖盪次數較少時

所用的材料很容易混勻或是不需要調製太冰或太淡，或是不希望搖出泡末的話，就要減少搖盪次數。

「藍色珊瑚礁（P.50）」的材料很容易混勻，也很容易形成漂亮顏色，所以就要減少搖盪次數。

攪拌法的方程式

Cocktail

「攪拌法」就是把材料攪拌均勻,和「搖盪法」同屬於常用的雞尾酒調製法,不同的是,「攪拌法」的困難程度比「搖盪法」高,必須相當熟練才能調出美味的雞尾酒。

何謂「攪拌法」?

「攪拌法」就是在攪拌杯中把材料攪拌均勻的一種雞尾酒調製法。雖然「攪拌法」也是把材料混合均勻,不過,有時候只是單純的將不同風味的材料混勻,所以動作必須輕柔。此外,「攪拌法」並不只是把材料混合而已,還可以達到以下的效果,所以,請務必記住攪拌的動作要領。

Point 1 避免過度刺激到材料

「攪拌法」就是在攪拌杯中把材料混勻,所以只要輕輕把材料攪拌均勻,才不會損及材料的細膩風味。千萬要注意的是絕對不可用力攪拌。

Point 2 避免打出泡末

搖盪法容易產生泡末,採用攪拌法的話就可以避免打出泡末。講究細膩風味或滑順口味的雞尾酒很適合採用這種調配方式。

Point 3 冷卻雞尾酒

把冰塊放入攪拌杯的話,在攪拌當中,材料會冷卻下來,即可調製出冰涼的雞尾酒。但是,攪拌時間太長的話,冰塊會溶出太多水分,使雞尾酒變太淡。

Point 4 增加水分

冰塊放入攪拌杯中,只要用吧叉匙輕輕攪拌之後,冰塊就會溶出水分,調製出滑順的雞尾酒。所以,避免過度攪拌以免調製出水分過多的雞尾酒。

攪拌法的方程式

攪拌法所用的工具包含有攪拌杯、吧叉匙。只要掌握其中要領,調製上並不困難,尤其要謹記以下的方程式。

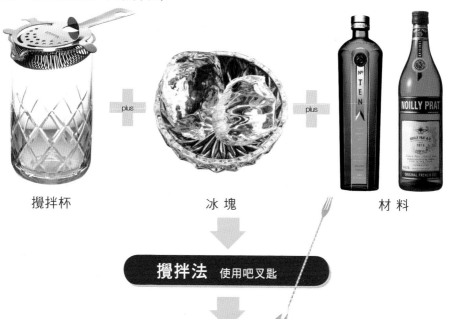

攪拌杯　　　　　　　　冰塊　　　　　　　　材料

攪拌法 使用吧叉匙

攪拌法的原則

攪拌次數較多時

吧叉匙在攪拌杯中每攪拌一次就會溶出水分,所以,攪拌次數越多的話,溶出的水分會過度稀釋雞尾酒,請務必注意這一點。

如果使用的材料不易混合的話(例如「坦奎利帝國(P.42)」),就必須稍微增加攪拌的次數,才能夠把材料混合均勻。

攪拌次數較少時

混合不同的酒類或是調配的材料不多時,就要減少攪拌次數,才能表現出各個材料之間的細膩風味。

材料種類不多或是使用的材料很容易就混勻的話,就要減少攪拌次數。例如「馬丁尼」(P.34)。

直接注入法的方程式

把材料直接注入杯中的調配方式就稱為「直接注入法」（Stir）。這種調配法不需要特殊用具，稱得上是最簡單的雞尾酒調配法，輕輕鬆鬆就可調出雞尾酒。

 ## 為什麼要採用「直接注入法」？

　　把冰塊和材料一一放入杯中的方法，就稱為「直接注入法」（Stir）。配方中如果有碳酸飲料的話，採用搖盪法或攪拌法容易造成碳酸氣體散逸，因此就比較適合採用這種調配法。

　　直接注入法的主要訣竅在於可以避免過度攪拌，有利於品嘗味道的層次變化，直接注入法的主要訣竅在於可以避免過度攪拌，有利於品嘗雞尾酒味道的層次變化。除此之外，直接注入法還有其他功效，將在下面詳細介紹。

Point 1　避免碳酸氣體散逸

使用到碳酸飲料的話，絕對不可以採用搖盪法，甚至連攪拌法也很容易造成碳酸氣體散逸。因此，最適合採用直接注入法，不僅碳酸氣體不會跑掉，又不會過度稀釋雞尾酒。而且一定要先把碳酸飲料冰涼，以免冰塊溶解過多而造成雞尾酒被過度稀釋。

Point 2　不會過度攪拌材料

搖盪法與攪拌法可以把雞尾酒的材料充分攪拌均勻，重新調配出新的味道，這也正是雞尾酒迷人之處。但是，不必藉由攪拌方式，而是利用味覺品嘗出酒味的層次變化，其實也是雞尾酒另一種迷人之處。直接注入法就是這類雞尾酒的調配法。

Point 3　漂浮起來

各種液體具有不同的比重，所以，只要使用不同比重的材料，即可在杯中調出不同顏色層次的雞尾酒。稍微攪拌的話，就會完全毀掉顏色層次。所以，把材料注入杯中時，應順著吧叉匙的背面緩緩注入杯中，才可以順利調出具有層次美的雞尾酒。

直接注入法的方程式

　　所謂直接注入法，就是直接把冰塊放入杯中，再利用吧叉匙把材料輕輕注入杯中。這個方程式很簡單，易學易做。

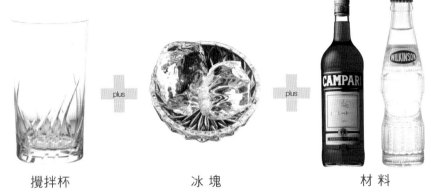

攪拌杯	冰塊	材料

直接注入法 利用吧叉匙

直接注入法的原則

1 最後才注入碳酸飲料

最後才注入碳酸飲料的話，可藉由碳酸飲料的氣泡使材料自然而然的混合。不過，如果攪拌過度將會造成氣泡散逸，最理想的方式是用吧叉匙輕輕攪拌1～2次即可。

2 由底部輕輕向上攪拌

不同的液體有不同的比重，比重越大的會越沉入杯底。因此，用吧叉匙拌勻時，應將吧叉匙自杯底往上提起進行攪拌。

3 由杯緣放入吧叉匙

自杯緣把吧叉匙輕輕滑入杯中，避免碰觸到冰塊。攪拌時，應將吧叉匙的背部緊貼著杯子，拌好之後再自杯緣抽出吧叉匙。

Cocktail

混合法的方程式

混合法（Blend）又稱為「電動攪拌法」，也就是用果汁機把材料攪拌成霜凍狀的一種雞尾酒調配法，學會其中要領將可以擴大雞尾酒的調配種類。

 不容易混合的材料就採用「混合法」

混合法（電動攪拌法）可以把冰塊和材料打成泥狀，也就是可以把不易混合的材料充分攪拌均勻。

混合法可以把新鮮水果和雞尾酒材料打成泥狀，或是加入冰淇淋打成奶油口味的雞尾酒。

混合法是利用果汁機來調製雞尾酒，所以只要正確掌握材料份量的話，即可做出美味的雞尾酒。

Point 1 製作出霜凍狀雞尾酒

把碎冰塊和其他材料一起放入果汁機，即可打成泥狀的霜凍式雞尾酒。另外也可加入冰淇淋打成奶油味的雞尾酒。

Point 2 混合新鮮的水果

可以把草莓、香蕉等新鮮水果一起放入果汁機中，打成水果泥雞尾酒。雪克杯無法做出這類雞尾酒，利用果汁機卻可以輕輕鬆鬆做出霜凍狀雞尾酒。

Point 3 使雞尾酒充滿大量空氣

果汁機可以把材料完全打成碎泥狀，所以可以讓完成的雞尾酒充滿大量空氣，而且是搖盪法絕對無法做到的程度。即使是酒精度較高的雞尾酒，只要利用混合法來調製的話，口感非常滑順，完全不同於其他調製法所調配出來的雞尾酒。

混合法的方程式

混合法就是把碎冰塊、材料和水果放入果汁機打成泥狀，以下就是混合法的組合方式。

碎冰塊

plus

果汁機

材料　　　　　水果

混合法的原則

1 **不宜一次放入全部的碎冰塊**

採用混合法的時候，一開始只放入八成的碎冰塊，再一邊視情況來決定添加碎冰塊的份量，藉以調整冰砂的軟硬度。

2 **不宜攪拌太久**

果汁機可以將材料完全攪勻，但是如果打得太久的話，果汁機的熱度易使冰塊溶化，所以最好隨時觀察果汁機內的狀況，打至適當的軟硬度即可關掉。

3 **先把水果放入果汁機**

使用新鮮水果時，一開始就先把水果放入果汁機，再放入碎冰塊，然後再注入其他材料，即可預防水果變色。

台灣調酒技藝簡介

中華民國國際調酒協會－B.A.T（Bartenders Association of Taiwan ）
成立於民國83年7月，並於 1995 年進入國際組織，使台灣調酒技術能與世界接軌。
該會成立以來，對調酒教育不遺於力，由學術交流做起，進而推廣至餐飲服務界、洋酒
業界及社會人士，訓練出許多專業的調酒人才。 同時秉持著提升全國調酒師學識、技
能與國際地位的宗旨，積極促成政府辦理調酒師技能檢定和證照核發，並爭取辦理世界
國際調酒年會與世界盃調酒大賽，將台灣的調酒技藝推向國際化的新領域。

資料來源：http://www.twbartenders.com.tw/html/history_new.htm

Gin

以琴酒為基酒

Knowledge of Gin
琴酒的基礎知識

琴酒的種類繁多，各有不同的風味，所以即使是相同的配方，卻可能因為使用不同品牌的琴酒而調製出味道大相逕庭的雞尾酒。

琴酒的歷史

談到琴酒，一般人印象中大都以為是「英國的酒」，其實琴酒的發祥地是荷蘭。1660年，荷蘭醫師法蘭西斯·席爾華斯把杜松子、麥、藥草等材料釀造成酒以做為利尿解熱用的藥劑，後來在配方裡面添加一些糖，製造出口味更甜、更容易被接受的琴酒。

後來流傳到英國。適逢工業革命而發明了連續式蒸餾機，釀造出味道更清爽的澀味（Dry）琴酒。後來因緣際會流傳到美國，立刻成為受歡迎的雞尾酒基酒，也因此迅速風靡全世界。

琴酒的種類

琴酒大略可以分為兩大類，其一是原料豐富、口味較甜的荷蘭系列，另一是比較澀味（Dry）的倫敦琴酒。

調配雞尾酒通常使用澀味（Dry）的琴酒，荷蘭琴酒通常只直接拿來加冰飲用，不太做為調酒的材料。

其他還有德國產的Schinken Haper琴酒、老湯姆琴酒（Old Tom Gin）、普里茅斯琴酒（Plymouth Gin）等等。

 ## 各國製造的琴酒種類

倫敦琴酒
降低琴酒原有的特殊風味，口味比較偏向辛辣澀味。雞尾酒所用的基酒主要以倫敦琴酒為主。

荷蘭琴酒
荷蘭琴酒的口味非常甜，香料氣味也很重，適合喜歡琴酒風味的人飲用，通常只直接加冰飲用，不常做為調酒的素材。

德國琴酒
利用新鮮松子釀造而成，味道與香氣溫和，容易入口。

Dry

「Dry」指的是酒的風味偏向辛辣、澀味之意，有人譯為「不甜」，也有人直譯為「乾」。此類琴酒以「Tanqueray」、「BEEFEATER」為主要代表，酒色透明，清香爽口，非常適合做為雞尾酒的基酒。

Tanqueray LONDON DRY GIN

精緻洗鍊又清爽的香味使它成為澀味琴酒的重要品牌。

● 度數／47.3%
● 容量／750㎖

Tanqueray No. TEN

可以聞到各種柑橘果實、草本植物與香料的清新味道，精緻洗鍊的風味，達到極致的平衡和典雅。

● 度數／47.3%
● 容量／750㎖

BEEFEATER（英人）

自1820年問市以來，口味從未改變，一直堅守傳統品質，是現今唯一在倫敦境內生產的琴酒品牌。

● 度數／47%
● 容量／750㎖

BOMBAY SAPPHIRE (孟買藍寶石)

由10種香草、水果釀造而成的琴酒，風味香醇，口感極佳，滑順又均衡。

● 度數／47%
● 容量／50㎖、200㎖、750㎖、1000㎖

medium

Dry口味的倫敦琴酒系列當中，
仍保留杜松子或香草風味的話，
就屬於「Medium」口味。酒精
度數比Dry略低，口感更滑順，
也更易入口。

BOODLES BRITISH GIN

於1845年在英國蘇格
蘭上市，味道香純，
值得品味。

● 度數／45%
● 容量／750㎖

SEAGRAM'S GIN

美國最暢銷的琴酒，具有迷
人的柑橘香味，入口滑順。

● 度數／40%
● 容量／200㎖、750㎖

GORDON'S DRY GIN40°

保有傳統琴酒味道的倫敦澀
味琴酒，主要特徵是含有濃
郁的杜松子香味。

● 度數／40%
● 容量／700㎖

WILKINSON GIN

由10種香草浸漬而成，
味道均衡高雅。

● 度數／37%
● 容量／720㎖

PLYMOUTH GIN

在英國西南部的普利茅
斯港釀造的香純濃郁的
琴酒。

● 度數／41.2%
● 容量／700㎖

mild

釀造原料的杜松子與香草的風味
更明顯的琴酒就屬於「Mild」，
主要以風味獨特的荷蘭琴酒、德
國琴酒為主。

WESTMINSTER GIN

除了具有香郁的杜松子香味
之外，還有肉桂、豆蔻的香
味。

● 度數／37%
● 容量／700㎖

AIGUEBELLE GIN

在法國AIGUEBELLE修道院
釀造的著名琴酒，具有甜甜
的香味。

● 度數／40%
● 容量／700㎖

SCHLICHTE STEINHAGER GIN

這是德國特產的琴酒，味
道比Dry風味的琴酒更溫
和。

● 度數／38%
● 容量／700㎖

Old Chelsea Old Tom Gin

澀味琴酒加上1~2%的
糖分釀造而成的甜味琴
酒。

● 度數／40%
● 容量／700㎖

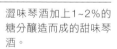

BLOOMSBURY ORANGE GIN

保有Dry風味，又兼具
香郁的柑橘味令人回味
無窮。

● 度數／45%
● 容量／700㎖

Martini
馬丁尼的方程式

馬丁尼又有「雞尾酒之王」的美名，也有人稱它為「雞尾酒之最」，不同的調配方式可以產生截然不同的風味，堪稱是雞尾酒迷一生追求的終極目標。配方所用的材料極簡，只有琴酒與苦艾酒，所以在品牌的選擇與調配的比例都非常重要。

標準的方程式

馬丁尼的基本組合是琴酒60*ml*加澀味苦艾酒1tsp.(5*ml*)。

澀味琴酒
（**60**㎖）

plus

澀味苦艾酒
（**1**tsp.）

▶▶▶

標準口味馬丁尼
（P.34參照）

黃金比例

$$60 + 5$$
$$12 : 1$$

琴酒與苦艾酒的比例為12：1，這也是馬丁尼最流行的黃金比例。如果調配一杯的份量為60*ml*，則琴酒為60*ml*，苦艾酒為1tsp. (5*ml*)。不管採用何種杯子，只要記住12：1的比例，即可調配出美味可口的馬丁尼。

比標準口味更

澀 味　　★採用澀味的琴酒

琴 酒

plus

苦艾酒

Tanqueray DRY 琴酒

（ **60**㎖ ）

NOILLY PRAT DRY苦艾酒

（ **1**tsp. ）

比標準口味更

淡 味　　★採用Mild口味的琴酒
　　　　　　★調配比例改為5：1

琴 酒

plus

苦艾酒

BLOOMSBURY 柑橘琴酒

（ **50**㎖ ）

NOILLY PRAT澀味苦艾酒

（ **10**㎖ ）

A+**B** 44.2

Martini~standard

馬丁尼（標準口味）

馬丁尼又有「雞尾酒之王」的美名，最令人印象深刻的是杯底放一顆橄欖。

馬丁尼所用的材料非常簡單，所以品牌的選擇與調配比例就非常重要，請務必嚴守酒類的品牌與份量。

● RECIPE
澀味琴酒 ················ 60ml
澀味苦艾酒 ············· 1tsp.
橄欖 ······················ 1個

● TOOL
攪拌杯、吧叉匙、隔冰器、雞尾酒杯、雞尾酒刺針

MAKING

1 把琴酒、苦艾酒和冰塊放入攪拌杯中，用吧叉匙攪拌均勻。

2 把隔冰器放在攪拌杯上，緩緩注入杯中。

3 刺針插上橄欖，沉入**2**的酒杯中。

A+B `46.5`

Martini~Dry

澀味馬丁尼

正因為要調成Dry口味，所以就要選用澀味系列的琴酒。

把2、3滴澀味苦艾酒滴入酒杯中進行「潤杯」之後，倒掉苦艾酒，再注入已經攪拌過的琴酒，就成為澀味的馬丁尼。Tanqueray LONDON 澀味琴酒是最佳的選擇。

●RECIPE		●TOOL
澀味琴酒	60㎖	攪拌杯、吧叉匙、隔冰器、雞尾酒杯、雞尾酒刺針
澀味苦艾酒	1tsp.	
檸檬皮	1片	
橄欖	1個	

MAKING ───────

1 苦艾酒倒入杯中，把杯子裡側潤濕之後，倒掉苦艾酒。

2 冰塊放入攪拌杯，倒入琴酒，用吧叉匙攪拌。

3 把隔冰器放在攪拌杯上，倒入1的酒杯中，擠入檸檬皮的汁液。刺針插上橄欖，沉入酒杯中。

A+B `37.9`

Martini~Mild

淡味馬丁尼

這是用柑橘琴酒調製而成的淡味（Mild）馬丁尼，懷古風與新鮮感兼而有之。

柑橘琴酒略帶淡淡的柑橘風味，是雞尾酒愛好者的秘密武器。以5：1的比例調配柑橘琴酒和苦艾酒，再加上柑橘苦精，就調成一杯淡味的馬丁尼。

●RECIPE		●TOOL
柑橘琴酒	50㎖	攪拌杯、吧叉匙、隔冰器、雞尾酒杯、雞尾酒刺針
澀味苦艾酒	10㎖	
柑橘苦精	1dash	
橄欖	1個	

MAKING ───────

1 冰塊放入攪拌杯中，再放入橄欖以外的全部材料，攪拌均勻。

2 1把隔冰器放在攪拌杯上，注入酒杯中。刺針插上橄欖，沉入酒杯中。

Dirty Martini

渾濁馬丁尼

「渾濁」之意指的是橄欖浸漬液
與琴酒分佈在口腔的特殊香味。

渾濁馬丁尼會用到橄欖的浸漬液,調配出的
機酒色比一般馬丁尼更顯渾濁,故被稱為
「Dirty」。喝進嘴裡會分散出濃濃的橄欖浸
漬液的香味與澀味琴酒的強烈風味。

● RECIPE
澀味琴酒‧‧‧‧‧‧‧‧‧‧‧‧‧‧ 1杯
橄欖浸漬液‧‧‧‧‧‧‧‧‧‧‧‧ 1tsp.
橄欖‧‧‧‧‧‧‧‧‧‧‧‧‧‧‧‧‧‧ 1個

● TOOL
雪克杯、雞尾酒杯、刺針

MAKING
1　琴酒、橄欖浸漬液和冰塊放入雪克杯中進行搖盪。
2　把1倒進酒杯。刺針插上橄欖,沉入酒杯中。

Gin & It

琴義苦艾酒

琴義苦艾酒的味道比澀味琴酒更具刺激性
的味道,更具有澀味苦艾酒的香味。

「It」是Italian Vermounth(義大利苦艾酒)
的簡稱。把等量沒有冰涼的澀味琴酒和甜味
苦艾酒注入杯中而調配出這道雞尾酒。可以
享受到琴酒的銳利風味與苦艾酒的香味。

● RECIPE
澀味琴酒‧‧‧‧‧‧‧‧‧‧‧‧ 30㎖
甜味苦艾酒‧‧‧‧‧‧‧‧‧‧ 30㎖

● TOOL
雞尾酒杯

MAKING
1　按先後順序把澀味琴酒與甜味苦艾酒注入杯中即可。

A+B 32

Classic Dry Martini

古典澀味馬丁尼

這是為紀念從甜味馬丁尼轉變為澀味馬丁尼、代表時代變遷的一種雞尾酒。

在此之前,甜味馬丁尼一直很受歡迎,但是進入20世紀之後,人們開始喜歡澀味的馬丁尼。當時把40ml澀味琴酒和20ml澀味苦艾酒調配出的來的馬丁尼仍規類為澀味的分類。現在所調配的則比標準馬丁尼略帶一點甜味,且香味也較濃一些。

● RECIPE

澀味琴酒 ······ 40ml
澀味苦艾酒 ····· 15ml
柑橘苦精 ······ 1dash

● TOOL

攪拌杯、吧叉匙、隔冰器、雞尾酒杯

MAKING

1 全部材料和冰塊放入攪拌杯中。

2 蓋上隔冰器,倒入酒杯中。

A+B 47

Dukes Martini

杜克馬丁尼

杜克飯店的馬丁尼
是世界首創的

吉爾貝特‧普雷提是馬丁尼的原創者,後來以他上班的杜克飯店命名為「杜克馬丁尼」,又被稱為「Original Martini」。以冰涼的Tanqueray琴酒和澀味苦艾酒調配出具有檸檬香味的馬丁尼,另外搭配腰果和橄欖。

● RECIPE

Tanqueray琴酒 ······ 1glass
澀味苦艾酒 ······ 1dash
檸檬皮 ······ 1個
腰果 ······ 1個
橄欖 ······ 1個

● TOOL

雞尾酒杯

MAKING

1 Tanqueray琴酒和酒杯預先放在冰箱冰涼。

2 把澀味苦艾酒倒入1的杯中,再倒入1的琴酒。

3 把檸檬皮的汁液擠入2中,一旁擺飾腰果和橄欖。

A+B 41

Irish Martini

愛爾蘭馬丁尼

利用香醇的愛爾蘭威士忌
調配出成熟韻味的馬丁尼

充滿麥芽香味的愛爾蘭威士忌,加上澀味琴酒與檸檬皮汁的酸味,調配出成熟韻味的馬丁尼。酒精濃度雖然達到41度,喝起來卻很順口,所以應避免喝過量。

● RECIPE

澀味琴酒 ······ 45ml
愛爾蘭威士忌 ······ 15ml
檸檬皮 ······ 1個

● TOOL

攪拌杯、吧叉匙、隔冰器、雞尾酒杯

MAKING

1 冰塊放入攪拌杯,注入澀味琴酒、愛爾蘭威士忌,拌勻。

2 蓋上隔冰器之後,倒入酒杯,擠入檸檬皮汁。

A+B `41`

Smoky Martini

煙霧馬丁尼

香醇的澀味琴酒和馥郁芳香的威士忌是絕佳組合

馥郁芳香的約翰走路黑牌威士忌和澀味琴酒調製出這杯香醇的煙霧馬丁尼。琴酒的辛辣口感和威士忌的強烈香味構成絕妙的組合，酒精濃度高達41度，屬於成熟韻味的雞尾酒。

RECIPE
澀味琴酒 ······················ 45㎖
約翰走路黑牌威士忌 ·········· 15㎖

TOOL
攪拌杯、吧叉匙、隔冰器、雞尾酒杯

MAKING

1 冰塊放入攪拌杯中，注入兩種酒類，拌勻。

2 蓋上隔冰器，倒入酒杯中。

A+B `38`

Fino Martini

不甜馬丁尼

澀味琴酒的苦澀味
加上香郁甘醇的雪莉酒

採用50ml澀味琴酒，故有明顯的苦澀味，再加上香郁甘醇的澀味雪莉酒，喝一口立刻香味洋溢整個口腔。澀味雪莉酒使酒色略呈混濁，搭配綠橄欖讓整杯雞尾酒更顯出色。

RECIPE
澀味琴酒 ······················ 50㎖
澀味雪莉酒 ···················· 10㎖
橄欖 ······························· 1個

TOOL
攪拌杯、隔冰器、吧叉匙、酒杯、刺針

MAKING

1 除了橄欖以外，把冰塊和其他材料放入攪拌杯中拌勻。

2 蓋上隔冰器，倒入酒杯中。刺針插上橄欖，沉入酒杯中。

A+B+B `30`

Opera Martini

歌劇馬丁尼

宛如演奏歌劇一般
味道香醇又富層次變化

利用DUBONNET香甜酒的溫和甜味包裹澀味琴酒的苦澀刺激味，再以櫻桃香甜酒和檸檬皮讓整杯酒做一個完美的Ending。口感與香醇的味道令人有如沉浸在精彩的歌劇當中。微紅的酒色和檸檬皮相互輝映，引人入勝。

RECIPE
澀味琴酒 ······················ 30㎖
DUBONNET香甜酒 ··········· 20㎖
櫻桃香甜酒 ···················· 10㎖
檸檬皮 ···························· 1片

TOOL
雪克杯、雞尾酒杯

MAKING

1 除了檸檬片之外，把冰塊和其他材料放入雪克杯進行搖盪。

2 把1注入酒杯中，再擠入檸檬皮汁。

A+B+B 32

Parisian Martini

巴黎馬丁尼

高雅的酒色足以令人連想到巴黎貴婦
三味一體、優雅又風味十足的雞尾酒

利用澀味苦艾酒的甜味、黑醋栗甜酒的微酸
味，調配出這道口感強勁、美味可口的雞尾
酒。水色高雅有如巴黎貴婦一般，非常適合
女性飲用。

RECIPE

澀味琴酒	30㎖
澀味苦艾酒	20㎖
黑醋栗甜酒	10㎖

TOOL

攪拌杯、吧叉匙、隔冰
器、雞尾酒杯

MAKING

1 把冰塊和全部材料放入攪拌杯中拌勻。

2 蓋上隔冰器，倒入酒杯中。

A+B+C 28

Park Avenue Martini

公園大道馬丁尼

公園大道是紐約著名的林蔭大道
清澈的酒色與美味都令人心怡

利用甜味苦艾酒包裹琴酒的苦澀味，再利用
鳳梨汁的酸甜味使酒味更加昇華。美麗的酒
色引人入勝，非常適合女性飲用。

RECIPE

琴酒	30㎖
甜味苦艾酒	20㎖
鳳梨汁	20㎖

TOOL

雪克杯、雞尾酒杯

MAKING

1 冰塊和全部材料放入雪克杯中進行搖盪。

2 倒入酒杯中。

以琴酒為基酒

39

A+B+B 42

Bond Martini

龐德馬丁尼

007詹姆士龐德最喜歡飲用帶有強烈苦澀味的馬丁尼

90ml GORDON'S琴酒加上30ml Smirnoff伏特加，酒精濃度高達42度，確實很適合男子漢大丈夫飲用的一道雞尾酒。007的詹姆士龐德在電影「皇家夜總會」當中，點了他最喜愛的雞尾酒，就是這道龐德馬丁尼。

RECIPE

GORDON'S琴酒	90ml
Smirnoff伏特加	30ml
苦艾酒	10ml
檸檬皮	適量

TOOL

雪克杯、雞尾酒杯

MAKING

1 琴酒、伏特加、苦艾酒放入雪克杯，倒入滿滿的冰塊進行搖盪。

2 把1倒入酒杯中，放入一片檸檬皮。

A+B 36

Martini Sweet On Me

甜入我心馬丁尼

對女友的誠摯心意
完全寄託在這杯雞尾酒

利用甜味苦艾酒的香甜味道減緩了Tanqueray琴酒的苦澀味，酒精度數36度，喝起來卻非常滑順可口、容易入喉。橙色的酒色配上紅色糖漬櫻桃，鮮豔欲滴，令人陶醉，女性也很適合飲用。

RECIPE

Tanqueray琴酒	40ml
甜味苦艾酒	15ml
糖漬櫻桃	1個
柑橘皮	1片

TOOL

攪拌杯、吧叉匙、隔冰器、刺針、雞尾酒杯

MAKING

1 琴酒、苦艾酒和冰塊放入攪拌杯中拌勻。

2 蓋上隔冰器，倒入酒杯中。刺針插上櫻桃沉入杯中，再擠入柑橘皮汁。

A+B+C 30

Resolution Martini

決心馬丁尼

倆人心意已決的日子
最適合和她舉杯共飲

杏桃白蘭地的香醇風味與甘甜，可使澀味琴酒更容易入口，檸檬汁則可增添酸味，使這道雞尾酒更具有滑順的口感。酒精度數不低，淺綠的酒色美麗誘人，很適合和女友一起共飲。

RECIPE

澀味琴酒	30ml
杏桃白蘭地	20ml
檸檬汁	10ml

TOOL

雪克杯、雞尾酒杯

MAKING

1 全部材料和冰塊放入雪克杯進行搖盪。

2 把1倒入酒杯中。

J.F.K.

J.F.K

這道雞尾酒味道清冽口感佳
令人連想到美國甘迺迪總統

J.F.K是美國第35任總統約翰‧菲茨杰
拉德‧甘迺迪的簡稱。因為甘迺迪酷愛
Tanqueray琴酒，日本的Tanqueray調酒師保
志雄一調配出這道口感深沉的雞尾酒。

◆RECIPE	◆TOOL
Tanqueray琴酒 ········ 30ml	攪拌杯、吧叉匙、隔冰
Grand Marnier橙酒 ··· 10ml	器、雞尾酒杯、刺針
澀味雪莉酒 ············· 10ml	
柑橘苦精 ············· 2dash	
橄欖 ···················· 1個	
柑橘皮 ··················· 1個	

MAKING

1 依照順序把三種酒類、柑橘皮汁和冰塊放入攪拌杯中
  拌勻。

2 蓋上隔冰器，倒入酒杯中。

3 刺針插上橄欖，放入杯中，最後灑上柑橘苦精。

Monroe

夢露

濃厚的香甜味與豐富的芳郁香味
有如瑪麗蓮夢露重現一般的雞尾酒

這是以性感女神瑪麗蓮夢露的形象調配出來
的雞尾酒，利用Tanqueray琴酒配上水蜜桃
香甜酒來表現美麗動人的瑪麗蓮夢露的韻
味。

◆RECIPE	◆TOOL
Tanqueray琴酒 ········ 20ml	雪克杯、雞尾酒杯
DUBONNET香甜酒	
····················· 20ml	
水蜜桃香甜酒 ········ 10ml	
Grand Marnier橙酒 ··· 10ml	

MAKING

1 全部材料和冰塊放入雪克杯中進行搖盪。

2 把1注入酒杯中。

Gibson

吉普生

利用澀味琴酒調配出略帶苦澀味雞尾酒
杯底的小洋蔥充滿神密意境

這是紐約調酒師查里科諾里在禁酒令時代
(1920~1933年)所調配出的雞尾酒。著名的
插畫家查里‧D‧吉普生酷愛此道雞尾
酒，故名之。

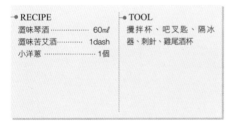

‒• RECIPE	‒• TOOL
澀味琴酒………… 60ml 澀味苦艾酒………… 1dash 小洋蔥………… 1個	攪拌杯、吧叉匙、隔冰 器、刺針、雞尾酒杯

MAKING

1 琴酒、苦艾酒和冰塊放入攪拌杯中拌勻。

2 蓋上隔冰器，注入酒杯中，刺針插上小洋蔥放入杯底。

Tanqueray Imperial

坦奎利帝國

香檳的淡淡麥色與小氣泡
給人冷酷的都會感

這是使用最具代表性的老牌香檳酒Moët &
Chandon所調配而成的雞尾酒。香檳特有的
香味與細膩的氣泡，減緩Tanqueray澀味琴
酒的苦澀味，味道爽口易入喉。

‒• RECIPE	‒• TOOL
Tanqueray澀味琴酒 ………………… 30ml Grand Marnier橙酒… 20ml 萊姆糖漿………… 10ml Moët & Chandon香檳酒 ………………… 適量	攪拌杯、吧叉匙、隔冰 器、雞尾酒杯

MAKING

1 香檳酒注入酒杯中。

2 香檳酒以外的材料和冰塊放入攪拌杯中加以攪拌。

3 蓋上隔冰器，注入1的酒杯中。

A+B+B+B `35`

Knockout

擊倒

利用烈酒調配出這道雞尾酒
味道濃烈有如被一拳擊倒一般

1927年，金恩塔尼擊敗世界
重量級拳擊冠軍登普西，為
慶祝這個歷史性一刻而調配
出這道雞尾酒。保樂利加酒
通常是加水稀釋五倍後飲
用，這裡是搭配澀味琴酒和
澀味苦艾酒，成為強勁有力
的雞尾酒。

→RECIPE
澀味琴酒 ··································· 30㎖
澀味苦艾酒 ···························· 20㎖
保樂利加酒(Pernod) ············ 10㎖
白薄荷香甜酒 ························· 1tsp.

→TOOL
雪克杯、雞尾酒杯

MAKING

1 全部材料和冰塊放入雪克杯進行
　搖盪。

2 倒入酒杯中。

A+B+B `40`

Alaska

阿拉斯加

利用「查特酒」(Chartreuse)
調配出美味一流的雞尾酒

這是由倫敦沙博飯店的調
酒師哈利克拉德庫所調
配的作品。「查特酒」
（Chartreuse）又有「香甜
酒女王」的美名，帶點淡淡
的蜂蜜香味，充滿成熟的韻
味，深受客人的喜愛。

→RECIPE
澀味琴酒 ··································· 45㎖
查特酒（Chartreuse） ··········· 15㎖
柑橘苦精 ································· 1dash
檸檬皮 ·· 1片

→TOOL
攪拌杯、吧叉匙、雞尾酒杯

MAKING

1 把檸檬皮以外的材料和冰塊放入
　攪拌杯拌勻。

2 把1倒入酒杯中，再放入檸檬皮。

A+B `42`

Green Alaska

綠色阿拉斯加

淡綠的酒色
給人知性又成熟的印象

改用綠色的查特酒
（Chartreuse），調配法則同
於阿拉斯加，故酒色比較偏
綠。淡綠的酒色充滿知性的
氛圍，不論聊天或談生意都
適合飲用。不過，酒精度數
高，宜注意。

→RECIPE
澀味琴酒 ··································· 45㎖
綠色查特酒（Chartreuse） ······ 15㎖

→TOOL
攪拌杯、吧叉匙、隔冰器、酒杯

MAKING

1 全部材料和冰塊放入攪拌杯拌
　勻。

2 蓋上隔冰器，倒入酒杯中。

Glorious Martini

榮耀的馬丁尼

馬丁尼是雞尾酒之王,此道配方更受到好評,且被評為「榮耀的馬丁尼」

這道雞尾酒是粟原幸代的作品,採用美麗的糖口杯方式,是2000年由HBA和JARDINE W&S酒商公司共同舉辦的雞尾酒大賽中,被選為Tanqueray的最優等獎。

▶ RECIPE	▶ TOOL
Tanqueray琴酒 ⋯⋯⋯ 40ml Grand Marnier橙酒 ⋯⋯ 5ml Galliano香草酒 ⋯⋯⋯ 1tsp. 新鮮檸檬汁 ⋯⋯⋯⋯ 10ml 玫瑰糖漿 ⋯⋯⋯⋯⋯ 5ml 紅糖、白糖 ⋯⋯⋯⋯ 各少許	雪克杯、雞尾酒杯

MAKING ————

1 酒杯邊緣沾取紅糖與白糖做成糖口杯(參照P224)。

2 把紅糖、白糖以外的材料和冰塊放入雪克杯進行搖盪,倒入1的杯中。

Cosmopolitan Martini

柯夢波丹馬丁尼

全世界(Cosmopolitan)都喜愛的馬丁尼,不過,一般稱為「柯夢波丹馬丁尼」

Cosmopolitan的原意為「世界性的、國際性的」,意即這是深受全世界喜愛的馬丁尼。Tanqueray琴酒搭配Grand Marnier橙酒、蔓越莓果汁的新鮮組合,鮮紅的酒色,充滿成熟嬌豔的韻味。

▶ RECIPE	▶ TOOL
Tanqueray琴酒 ⋯⋯ 20ml Grand Marnier橙酒 ⋯ 10ml 蔓越莓果汁 ⋯⋯⋯⋯ 20ml 萊姆汁 ⋯⋯⋯⋯⋯ 10ml	雪克杯、雞尾酒杯

MAKING ————

1 全部材料和冰塊放入雪克杯中進行搖盪。

2 倒入酒杯中。

A+B+B `36`

Ambassador

大使

香味濃郁又高雅的雞尾酒
適合餐前飲用

辛辣的澀味琴酒、澀味苦艾
酒以及白葡萄酒，調配出這
道香味濃郁又高雅的雞尾
酒。酒精度數雖達36度，卻
因添加檸檬皮的香味，喝起
來滑順易入喉，很適合做為
餐前酒飲用。

◆RECIPE

澀味琴酒	70㎖
澀味苦艾酒	10㎖
白葡萄酒	1tsp.
檸檬皮	適量

◆TOOL

吧叉匙、雞尾酒杯

MAKING

1　琴酒與苦艾酒倒入杯中拌勻。

2　緩緩注入白葡萄酒使其漂浮在上
面，再擠入檸檬皮汁。

A+B+B+B `20`

Martinez Cocktail

馬丁尼茲雞尾酒

這是馬丁尼的起源，甜味琴酒
和柑橘香味形成和諧的組合

大約在19世紀，一位旅人來
到舊金山的某家飯店，向侍
者說：「給我一杯酒，讓
我有足夠的體力前往馬丁尼
茲。」這就是馬丁尼的起
源，後來更流傳到美國東
部，改名為「馬丁尼」。

◆RECIPE

Old Tom琴酒	10㎖
甜味苦艾酒	40㎖
Angostura苦精	1dash
櫻桃香甜酒	2dash
糖漿	2dash

◆TOOL

雪克杯、雞尾酒杯

MAKING

1　全部材料和冰塊放入雪克杯進行
搖盪。

2　倒入酒杯中。

A+B+B+C `28`

Beauty Spot

美人痣

浪漫氣氛十足
極受女性喜愛的雞尾酒

紅豔的紅石榴糖漿沉入杯
底，有如瑪麗蓮夢露嘴邊性
感的美人痣，故名之。由於
添加了柳橙汁，味道香甜容
易入口。

◆RECIPE

Tanqueray琴酒	30㎖
澀味苦艾酒	15㎖
甜味苦艾酒	15㎖
柳橙汁	1tsp.
紅石榴糖漿	1/2tsp.

◆TOOL

雪克杯、雞尾酒杯

MAKING

1　紅石榴糖漿以外的材料和冰塊
放入雪克杯中進行搖盪。

2　注入酒杯中，再緩緩滴入紅石
榴糖漿。

Gimlet

琴蕾的方程式

雷蒙錢德勒在他的小說「漫長的告別」一書中，主角說「現在喝琴蕾似乎還太早」，使得琴蕾聲名大噪，也是著名的琴酒雞尾酒。使用新鮮萊姆汁或萊姆糖漿所調製出來的琴蕾各有不同的風味，材料很簡單卻可玩出多種變化。

標準的方程式

琴蕾的基本組合是澀味琴酒50mℓ加萊姆糖漿10mℓ。

澀味琴酒
（50mℓ）

plus

萊姆糖漿
（10mℓ）

▶▶▶

標準口味琴蕾
（參照P.48）

黃金比例

50＋10
5：1

澀味琴酒和萊姆糖漿的比例為5：1，略帶甜味容易入口。此外，也可以添加少許現擠的萊姆汁，可以增添新鮮酸味，百喝不厭。清爽的BEEFEATER是琴酒的最佳選擇，萊姆糖漿則以口味始終如一的Cordial萊姆糖漿為最優。

比標準口味更

澀味

★以新鮮萊姆汁代替Cordial萊姆糖漿

琴酒

副材料

plus

BEEFEATER澀味琴酒
（**50**㎖）

新鮮萊姆汁
（**10**㎖）

比標準口味更

淡味

★採用比較淡味的琴酒品牌
★比例改為3：1

琴酒

副材料

plus

PLYMOUTH琴酒
（**45**㎖）

Cordial萊姆糖漿
（**15**㎖）

A + C + C | S 36.1 | D 36.1 | M 28.5

Gimlet

琴蕾

長途的航海生活一時興起調配出
清爽容易入口的雞尾酒

琴蕾(**Gimlet**)的英文原意是「螺絲錐」。17
世紀左右英國人為了解決長途航海造成維生
素C缺乏，在船上裝載了糖漬萊姆片，並因
緣際會調配出這道雞尾酒。

RECIPE

BEEFEATER琴酒	50ml
Cordial萊姆糖漿	10ml
新鮮萊姆汁	1tsp.

【澀味】

BEEFEATER琴酒	50ml
新鮮萊姆汁	10ml
Cordial萊姆糖漿	1tsp.

【淡味】

PLYMOUTH琴酒	40ml
Cordial萊姆糖漿	20ml
冰塊	1塊

TOOL
雪克杯、雞尾酒杯(標準、
澀味)、廣口香檳酒杯(淡味)

MAKING

1 全部材料和冰塊放入雪克杯，進行搖盪。

2 倒入酒杯中。

A+B 32

Gin & Bitters

琴苦酒

一如酒名略帶苦味
尤其適合在多愁善感時飲用

略帶苦澀味的澀味琴酒加上略帶苦味的Angostura苦精，就成為受人喜愛的琴苦酒。酒精濃度稍高又略帶苦澀味，很適合做為餐前酒。

○ RECIPE

澀味琴酒	60㎖
Angostura苦精	1dash

○ TOOL

吧叉匙、古典杯

MAKING ───

1 把苦精滴入酒杯中，潤杯之後再倒掉。

2 把冰塊、琴酒放入酒杯中，輕輕攪拌幾下。

A+C 14.1

Gin & Tonic

琴湯尼

任何人都可以輕鬆調配出來
風靡全世界的一道雞尾酒

澀味琴酒加上冰涼的通寧汽水，輕鬆即可調出聞名全世界的琴湯尼。喝之前再擠入萊姆汁，可以增添清涼感。

○ RECIPE

澀味琴酒	45㎖
通寧汽水	適量
萊姆片	1片

○ TOOL

10盎平底杯、吧叉匙、攪拌棒

MAKING ───

1 冰塊放入酒杯中，倒入琴酒後再倒滿冰涼的通寧汽水，輕輕攪拌。

2 倒入酒杯，裝飾萊姆片，再插入攪拌棒。

A+B 40

Blue Coral Reef

藍色珊瑚礁

利用綠薄荷香甜酒
調出味道清爽的標準雞尾酒

這是日本的鹿野彥司在1950年榮獲第2屆日本飲料大賽的冠軍作品，紅櫻桃沉在淡綠色酒液中，有如沉入海底的耀眼寶石，令人沉醉其中。

◦ RECIPE	◦ TOOL
澀味琴酒 ············· 45mℓ	雪克杯、雞尾酒杯
綠薄荷香甜酒 ········ 15mℓ	
糖漬櫻桃 ·············· 1個	

MAKING
1 琴酒、綠薄荷香甜酒和冰塊放入雪克杯進行搖盪。
2 倒入酒杯中，放入糖漬櫻桃。

A+B 40.3

Coronet

小王冠

口感滑順的TAWNY波特酒
使這杯雞尾酒充滿新鮮味

澀味琴酒和TAWNY波特酒組合成這道雞尾酒，口感滑順，緊接著又可以品嘗到波特酒特有的濃厚馥郁的香味。酒精度數高，充滿成熟韻味。

◦ RECIPE	◦ TOOL
澀味琴酒 ············· 45mℓ	攪拌杯、吧叉匙、隔冰器、
TAWNY波特酒 ········ 15mℓ	雞尾酒杯
檸檬皮 ·············· 1片	

MAKING
1 把檸檬皮以外的材料放入攪拌杯中。
2 蓋上隔冰器，倒入酒杯中，再放入檸檬皮。

A+B 42.3

Gordon

高登

略甜雪莉酒的香醇味道
可以令人遺忘時間的流逝

澀味琴酒和略甜雪莉酒
（Amontillado）組合成這道
雞尾酒。琥珀色的酒色搭配
沉入杯底的小洋蔥，洋溢高
雅成熟的韻味。保有澀味琴
酒的苦澀味，同時又有滑順
的口感，可以充分感受到雪
莉酒的香甜餘韻。

RECIPE

澀味琴酒	50ml
略甜雪莉酒	10ml
小洋蔥	1個

TOOL

攪拌杯、吧叉匙、隔冰器、雞尾酒
杯、刺針

MAKING

1 把琴酒、略甜雪莉酒和冰塊放入
　攪拌杯中拌勻。

2 蓋上隔冰器倒入酒杯中。刺針插
　入小洋蔥，沉入杯底。

A+B 35

Orange Blossom

橘花

本雞尾酒的歷史悠久
美味的柳橙汁是主要特色

美國的禁酒令時代(1920～
1933)，一位匹茲堡調酒師調
配出這道雞尾酒。當時的琴
酒味道欠佳又容易散逸到屋
外，乃添加柳橙汁以增添美
味的口感，並可逃避警方的
追緝。

RECIPE

澀味琴酒	45ml
柳橙汁	15ml

TOOL

雪克杯、雞尾酒杯

MAKING

1 全部材料和冰塊放入雪克杯，搖
　盪。

2 注入酒杯中。

A+B 35.5

Campari Cocktail

金巴利雞尾酒

琴酒和金巴利酒各一份
輕鬆調出美味雞尾酒

CAMPARI（金巴利）是著
名的香甜酒，以5：5的比例
和琴酒一起調出這道雞尾
酒。紅色透明的酒色、琴酒
的苦澀味和金巴利特有的風
味，構成這杯令人印象深刻
的獨特雞尾酒。

RECIPE

澀味琴酒	30ml
CAMPARI香甜酒	30ml

TOOL

攪拌杯、吧叉匙、隔冰器、雞尾酒
杯

MAKING

1 全部材料與冰塊放入攪拌杯中拌
　勻。

2 蓋上隔冰器，倒入酒杯中。

以琴酒為基酒

 A+B+B 30

Kiss In The Dark

黑夜之吻

利用香郁的櫻桃白蘭地
調配出浪漫氣氛的雞尾酒

一如「黑夜之吻」的名稱，這杯雞尾酒的味道宛如熱戀的情人在黑夜中激吻一般。利用澀味琴酒和澀味苦艾酒所調成的基本馬丁尼，再加上香醇的櫻桃白蘭地，組成這杯充滿成熟韻味的雞尾酒。

RECIPE

澀味琴酒	20ml
澀味苦艾酒	20ml
櫻桃白蘭地	20ml

TOOL
雪克杯、雞尾酒杯

MAKING

1 全部材料和冰塊放入雪克杯中，搖盪。

2 倒入酒杯中。

A+B+B 28

Salome

沙樂美

鮮豔欲滴的酒色與香味
一如美麗妖豔又熱情的沙樂美

美麗妖豔的沙樂美是新約聖經中的人物，也是許多藝術作品的主角。她在希律王面前大跳豔舞的情境正是這杯雞尾酒所要表現的氛圍。香甜的紅寶石波特酒搭配澀味苦艾酒，構成濃醇又複雜的風味。

RECIPE

澀味琴酒	20ml
澀味苦艾酒	20ml
紅寶石波特酒	20ml

TOOL
攪拌杯、吧叉匙、隔冰器、雞尾酒杯

MAKING

1 全部材料和冰塊放入攪拌杯中拌勻。

2 蓋上隔冰器，倒入酒杯中。

A+B+C 28

Gunga Din

營房謠

酸甜的南國水果
沁入心脾的冰涼舒暢感

澀味琴酒與澀味苦艾酒組成的標準馬丁尼，加上柳橙汁即成這道風味特殊的雞尾酒。柳橙汁的清涼感非常適合做為消暑的飲品，再加上鳳梨片更添熱帶風情。

RECIPE

澀味琴酒	30ml
澀味苦艾酒	15ml
柳橙汁	15ml
鳳梨片	1片

TOOL
雪克杯、雞尾酒杯

MAKING

1 除了鳳梨片之外，全部材料和冰塊放入雪克杯中，搖盪。

2 倒入酒杯，再裝飾鳳梨片。

42

Earthquake

地震

喝過這杯強烈的雞尾酒會令人
有如發生地震般全身驚嚇

澀味琴酒、威士忌和保樂利
加酒組合成高酒精濃度且個
性十足的雞尾酒。正因為酒
精濃度非常強烈，喝一口就
有如發生地震般，令人想大
聲吶喊一聲「地震！」

● RECIPE

澀味琴酒	20㎖
威士忌	20㎖
保樂利加酒(Pernod)	20㎖

● TOOL

雪克杯、雞尾酒杯

MAKING

1 全部材料和冰塊放入雪克杯中，
搖盪。

2 倒入雞尾酒杯中。

以琴酒為基酒

 **33.3**

Misty

霧

充滿成熟男性韻味
適合獨自飲用

愛爾蘭之霧威士忌香甜酒
（Irish Mist）是愛爾蘭名
酒，由愛爾蘭威士忌加蜂蜜
釀造成風味特殊的香甜酒。
澀味琴酒和愛爾蘭之霧威士
忌香甜酒組合成高酒精濃度
的雞尾酒，味道濃厚令人連
想到粗獷的男子漢。

● RECIPE

澀味琴酒	20㎖
愛爾蘭之霧威士忌香甜酒	20㎖
澀味苦艾酒	20㎖

● TOOL

攪拌杯、吧叉匙、隔冰器、雞尾酒
杯

MAKING

1 全部材料和冰塊放入攪拌杯中拌
勻。

2 蓋上隔冰器，倒入酒杯中。

A+B+C **34**

Blue Moon

藍月

夢幻般的紫羅蘭酒色
令人沉醉在遐想中

這道雞尾酒有如一輪明月高
掛在暗空中，充滿夢幻氣
氛。澀味琴酒和紫羅蘭香甜
酒組成這杯引人遐想的雞尾
酒。紫羅蘭香甜酒（Parfait
Amour）的法文原意是「完
全的愛」，所以很適合相愛
的戀人一起共飲。

● RECIPE

澀味琴酒	40㎖
紫羅蘭香甜酒	20㎖
檸檬汁	1tsp.
檸檬皮	1片

● TOOL

雪克杯、吧叉匙、隔冰器、雞尾酒
杯

MAKING

1 除了檸檬皮以外，全部材料和冰
塊放入雪克杯中搖盪。

2 倒入酒杯中，放入檸檬皮。

53

Green Devil

綠色惡魔

新鮮誘人的薄荷味
直竄腦門的雞尾酒

澀味琴酒搭配綠薄荷香甜
酒，組成一杯清涼感十足的
雞尾酒。輕啜一口，清爽的
香味與濃郁的酒味立刻竄入
喉嚨，令人百喝不厭有如受
到惡魔誘惑一般，所以才有
「綠色惡魔」的美譽。

RECIPE

澀味琴酒	40㎖
綠薄荷香甜酒	20㎖
檸檬汁	3tsp.
薄荷葉	適量

TOOL

雪克杯、雞尾酒杯

MAKING

1 薄荷葉以外的材料和冰塊放入雪
   克杯中搖盪。

2 酒杯中放冰塊，再倒入1，裝飾上
   薄荷葉。

Alexander's Sister

亞歷山大之妹

以鮮奶油調製而成
適合女性飲用的雞尾酒

澀味琴酒與綠薄荷酒兩種個
性強烈的酒，加上鮮奶油之
後銳變為清爽的淡味酒。輕
啜一口，新鮮的薄荷香味逐
漸在嘴裡化開。翡翠般的美
麗酒色賞心悅目，有如婀娜
多姿的美女呈現在眼前…。

RECIPE

澀味琴酒	20㎖
綠薄荷香甜酒	20㎖
鮮奶油	20㎖

TOOL

雪克杯、雞尾酒

MAKING

1 全部材料和冰塊放入雪克杯進行
   搖盪。

2 倒入酒杯中。

Cristal Dew

水晶露

晶瑩剔透的酒色
和透明的玻璃杯相互輝映

一如「水晶露」之名，有如
水晶般晶瑩剔透的水滴一顆
顆附著在透明酒杯裡，非常
賞心悅目。美麗的透明感加
上細膩的酒味，構成這道高
雅細緻的雞尾酒。

RECIPE

澀味琴酒	45㎖
綠色Chartreuse酒	10㎖
萊姆糖漿	5㎖

TOOL

雪克杯、雞尾酒杯

MAKING

1 全部材料和冰塊放入雪克杯進行
   搖盪。

2 倒入酒杯中。

Gin Rickey

琴利奇

新鮮萊姆汁的清香與酸味
搭配蘇打水的氣泡充分表現清涼感

琴湯尼(P49)是由通寧汽水調成，琴利奇則
是以蘇打汽水來調配。用攪拌棒擠壓檸檬片
的酸味調整出最適合自己的口味。

●RECIPE		●TOOL
澀味琴酒	45ml	10盎斯平底杯、吧叉匙、
新鮮萊姆汁	5ml	攪拌棒
蘇打汽水	適量	
萊姆片	1/4個	

MAKING ──

1 把萊姆片放入平底杯中。

2 澀味琴酒、新鮮萊姆汁和冰塊放入1的杯中。

3 倒入冰涼的蘇打汽水，用吧叉匙輕輕攪拌，放入攪拌棒。

Gin Daisy

琴戴茲

清爽可愛的雞尾酒
令人連想到俏麗的春天小雛菊

這道雞尾酒會令人連想到可愛的桃色小雛
菊。檸檬的微酸加上紅石榴糖漿的甘甜，再
搭配小巧的薄荷葉，構成清爽的春天氛圍。

●RECIPE		●TOOL
澀味琴酒	45ml	雪克杯、高腳杯、吸管2
檸檬汁	20ml	根
紅石榴糖漿	2tsp.	
檸檬片	1片	
薄荷葉	1片	

MAKING ──

1 澀味琴酒、檸檬汁、紅石榴糖漿和冰塊放入雪克杯中搖盪。

2 酒杯放滿冰塊，倒入1，裝飾檸檬片、薄荷葉，插入吸管。

A+B+C 38

D.O.M.Cocktail

D.O.M雞尾酒

澀味琴酒的苦澀味滿溢味蕾
充滿成熟韻味的雞尾酒

這杯雞尾酒看似充滿水果
香味，喝起來仍充滿澀味
琴酒的苦澀味。Benedictine
DOM(尼狄克丁藥草酒)據說
用了27種的花果草藥來釀
造，酒味香醇芳郁，充滿成
熟的韻味。

RECIPE

澀味琴酒	40ml
Benedictine DOM	10ml
柳橙汁	10ml

TOOL

雪克杯、雞尾酒杯

MAKING

1 全部材料和冰塊放入雪克杯中搖
盪。

2 倒入酒杯中。

 A+B+B 39.3

Zaza

莎莎

利用餐前酒的風味
調配出成熟男性的韻味

DUBONNET香甜酒是知名
品牌的餐前酒，以葡萄酒作
基酒，再搭配肉桂和多種的
植物藥草製造而成；口感圓
潤滑順，搭配上澀味琴酒之
後，調配出更引人入勝的絕
佳口味。

RECIPE

澀味琴酒	45ml
DUBONNET香甜酒	15ml
柑橘苦精	1dash

TOOL

攪拌杯、吧叉匙、隔冰器、雞尾酒
杯

MAKING

1 全部材料和冰塊放入攪拌杯中拌
勻。

2 蓋上隔冰器，倒入酒杯中。

A+B+C 25

Appetizer

開胃酒

正如「開胃酒」之名，
最適合在餐前飲用

把「莎莎」的柑橘苦精替換
為柳橙汁之後，就變成這道
開胃酒。DUBONNET香甜
酒和柳橙汁更是最佳組合，
散發出微帶香甜的水果味，
非常適合做為開胃酒在餐前
飲用。

RECIPE

澀味琴酒	25ml
DUBONNET香甜酒	20ml
柳橙汁	15ml

TOOL

雪克杯、雞尾酒杯

MAKING

1 全部材料和冰塊放入雪克杯中搖
盪。

2 倒入酒杯中。

A+B+C `34`

White Lady

雪白佳人

雪白誘人的雞尾酒
有如清純可人的少女

雪白的酒色有如籠罩一層神秘白色面紗。君度橙酒（COINTREAU）是白色橙皮酒的珍品，酒味細膩令人為之動容。檸檬的酸味使酒味更加洗練，可以品味到新鮮誘人的香味。

● RECIPE
澀味琴酒	30㎖
君度橙酒	15㎖
新鮮檸檬汁	15㎖

● TOOL
雪克杯、雞尾酒杯

MAKING

1　全部材料和冰塊放入雪克杯中搖盪。

2　倒入酒杯中。

以琴酒為基酒

A+B+C `24`

Princess Mary

瑪麗公主

可可香甜酒加上鮮奶油
有如甜點一般的雞尾酒

1922年，為了慶祝英國的瑪麗公主結婚而特調的雞尾酒。澀味琴酒和可可香甜酒、鮮奶油的組合，調配出充滿甜點風味的雞尾酒。不論是女性或不諳酒性的人都適合喝上一杯。

● RECIPE
澀味琴酒	20㎖
可可香甜酒	20㎖
鮮奶油	20㎖

● TOOL
雪克杯、雞尾酒杯

MAKING

1　全部材料和冰塊放入雪克杯中搖盪。

2　倒入酒杯中。

A+B+B `37.3`

Cross Bow

石弓

這杯雞尾酒令人驚豔
琴酒和可可絕對是完美組合

澀味琴酒和濃厚略帶苦味的可可香甜酒居然可以調配出如此令人驚豔的雞尾酒。可可香甜酒的濃厚風味更加彰顯出君度橙酒（COINTREAU）的香味，適合和女性朋友共飲。

● RECIPE
澀味琴酒	20㎖
可可香甜酒	20㎖
君度橙酒	20㎖

● TOOL
雪克杯、雞尾酒杯

MAKING

1　全部材料和冰塊放入雪克杯中搖盪。

2　倒入酒杯中。

A+B+C 29.5

Paradise

天堂樂園

幸福一百的口感
有如沉浸在快樂天堂一般

除了辛辣的澀味琴酒，再加上甜甜的杏桃白蘭地和酸酸的柳橙汁，調成這道口味非常豐富的雞尾酒。一如酒名所述，輕啜一口，宛如登上天堂樂園一般，全身飄飄然。

● RECIPE
澀味琴酒	30ml
杏桃白蘭地	15ml
柳橙汁	20ml
糖漬櫻桃	1個

● TOOL
雪克杯、雞尾酒杯

MAKING
1 櫻桃以外的材料和冰塊放入雪克杯中搖盪。
2 倒入酒杯中，再放入櫻桃做為裝飾。

A+B+C 30

Abbey

修道院

充滿水果芳香的雞尾酒
有如受到上帝的祝福一般

「Abbey」的原意是中世紀天主教的大修道院。以調配好的橘花雞尾酒(P51)，再加上1dash柑橘苦精，立刻轉變為充滿水果香味的雞尾酒，香醇滑順又容易入口。

● RECIPE
澀味琴酒	40ml
柳橙汁	20ml
柑橘苦精	1dash
糖漬櫻桃	1個

● TOOL
雪克杯、刺針、雞尾酒杯

MAKING
1 澀味琴酒、柳橙汁、柑橘苦精和冰塊放入雪克杯中搖盪。
2 倒入酒杯中。刺針插上櫻桃，放入酒杯中。

A+B+B 32.3

Tottie

托迪

利用AMARO香甜酒
調出一杯和諧的奏鳴曲

AMARO香甜酒是原產於義大利西西里島一種略帶苦味的藥草酒，搭配澀味琴酒，組合成一杯和諧的奏鳴曲。澀味琴酒加上澀味苦艾酒，再擠入柑橘皮汁，形成絕妙且獨特的風味。

● RECIPE
澀味琴酒	20ml
AMARO香甜酒	20ml
澀味苦艾酒	20ml
柑橘皮	1個

● TOOL
吧叉匙、雞尾酒杯

MAKING
1 冰塊放入酒杯，依序倒入澀味琴酒、AMARO香甜酒、澀味苦艾酒，用吧叉匙拌勻。
2 擠入柑橘皮的汁液。

Vodka

以伏特加為基酒

 plus  plus

伏特加的基礎知識

伏特加無色、無味的特性，適合純喝，也適合調酒。酒精度數調高的話屬於澀味口味，降低酒精度數就可以調出順口的雞尾酒。

伏特加的歷史

伏特加的歷史並沒有一個定論，不過，一般認為伏特加應該是源自俄國人用裸麥釀造的蒸餾酒。Vodka（伏特加）是斯拉夫語的變化字，源自斯拉夫語的「woda」或「voda」，原意為「水」。後來玉米、馬鈴薯等穀物傳入俄國之後，人們開始利用各種原料釀造出伏特加酒。

俄國革命爆發後，SMIRNOFF伏特加酒廠的負責人逃離俄國，也把配方帶到歐洲，隨即受到歐洲人士的喜愛，後來更推廣到美國與世界各地。

伏特加的種類

伏特加酒大概可以分為兩大類，其一為無色無味的「原味伏特加」，另一為添加香料、藥草或水果等成分的「加味伏特加」。

如果以生產國來分類的話，則可分為以小麥釀造的「俄國伏特加」、以玉米釀造的「美國伏特加」、以裸麥釀造的「波蘭伏特加」以及以大麥釀造的「芬蘭伏特加」。

調製雞尾酒通常都是採用原味伏特加，不過，有時候也會用到加味伏特加來淡化雞尾酒的酒味。

 ## 伏特加的主要產地與特徵

俄國
是伏特加的發源地，主要以小麥釀造，因屬寒帶地區，故酒精度數較高。

美國、加拿大
多數是以玉米釀造而成，是目前產量最大的伏特加，也是雞尾酒常用的基酒。

芬蘭
芬蘭伏特加是芬蘭人的常用酒，主要原料是大麥。

波蘭
主要原料是裸麥，添加野牛草釀造而成聞名全世界的伏特加。

瑞典
多數是以小麥釀造而成，「ABSOLUT」是此類最著名的伏特加酒。

Dry

是酒精度數最高的伏特加,無色
無味,口感清爽,最常做為雞尾
酒的基酒。SMIRNOFF是最著
名的伏特加。

SMIRNOFF伏特加50°

1815年誕生的老牌俄國伏特加
酒,以專用的活性碳過濾處理,
消除原有氣味。

- 度數╱50%
- 容量╱750㎖

WILKINSON伏特加50°

以玉米、大麥蒸餾釀造,並用白
樺碳過濾處理,酒味清爽強勁。

- 度數╱50%
- 容量╱720㎖

SKYY伏特加

本品的酒精度數不高,卻是經過
四次蒸餾與三次過濾釀造出精純
的酒味。

- 度數╱40%
- 容量╱750㎖

medium

這類伏特加酒的酒精比前者降低10度，所以口感更滑順，口味更甘冽，最適合用來調製雞尾酒。若要調配標準型雞尾酒，以此類伏特加為最適宜。

ABSOLUT伏特加

這是瑞典生產的伏特加，酒精的刺激味不強烈，口感滑順。

● 度數／40%
● 容量／750ml

WILKINSON伏特加40°

酒精度數減少10度，主要特徵是味道清爽又甘冽。

● 度數／40%
● 容量／720ml

SMIRNOFF伏特加40°

比50°的伏特加更容易入口，喝起來更加滑順，是極受歡迎的酒種。

● 度數／40%
● 容量／750ml

mild

添加香料、藥草或水果等成分釀造而成的「加味伏特加」，具有淡淡的香味，所以喝起來更爽口。尤其是柑橘系列的加味伏特加，更適合搭配同樣的柑橘類果汁。

ZUBROWKA

這是添加野牛草淬取物釀造而成的加味伏特加，具有獨特的草香味，是世界知名的加味伏特加酒。

● 度數／40%
● 容量／200㎖、700㎖

ABSOLUT KURANT

這是黑醋栗口味的伏特加酒，具酸酸甜甜的口感與黑醋栗的香味。

● 度數／40%
● 容量／750㎖

SKYY CITRUS

這是新開發的加味伏特加，添加五種柑橘淬取物釀造而成。仍保留原有的清冽口感，並帶有淡淡的清爽香味。

● 度數／37%
● 容量／750㎖

以伏特加為基酒

63

Balalaika
俄羅斯吉他的方程式

「俄羅斯吉他」（Balalaika）是由伏特加、白柑橘香甜酒、檸檬汁調配而成，一旦三者的酸、甜與清涼感失去平衡，就無法調出美味可口的「俄羅斯吉他」。所以，請務必記住這三者的黃金比例，才能夠成功調配出美味的「俄羅斯吉他」。

標準的方程式

伏特加、白柑橘香甜酒、檸檬汁的基本比例為2：1：1。

伏特加
（**30**㎖）

plus

白柑橘香甜酒
（**15**㎖）

plus

檸檬汁
（**15**㎖）

標準的俄羅斯吉

（參照P.66）

黃金比例

30+15+15
2：1：1

以2：1：1的比例來調配俄羅斯吉他的話，可以表現出甜味與酸味，同時又不會影響到原有的酒味。清洌的伏特加酒搭配清爽香甜的君度橙酒，即可調製出令人百喝不厭的「俄羅斯吉他」雞尾酒。

比標準口味更

澀 味　　★比例改為4：1：1

伏特加

香甜酒

配料

plus　　　　**plus**

SKYY伏特加　　　君度橙酒　　　檸檬汁

（**40**ml）　　（**10**ml）　　（**10**ml）

比標準口味更

淡 味　　★採用比較淡味的伏特加酒
　　　　★比例改為1：1：1

伏特加

香甜酒

配料

plus　　　　**plus**

SKYY伏特加　　　君度橙酒　　　檸檬汁

（**20**ml）　　（**20**ml）　　（**20**ml）

	S	D	M		
A+B+C	27.6	30.7	24.6		

Balalaika

俄羅斯吉他

伏特加搭配柑橘風味香甜酒
組成一杯口感均衡的雞尾酒

「Balalaika」是俄羅斯特有的一種近似吉他
的弦樂器，由伏特加、君度橙酒和檸檬汁構
成一杯美味的雞尾酒，有如一首音色動人的
樂曲。

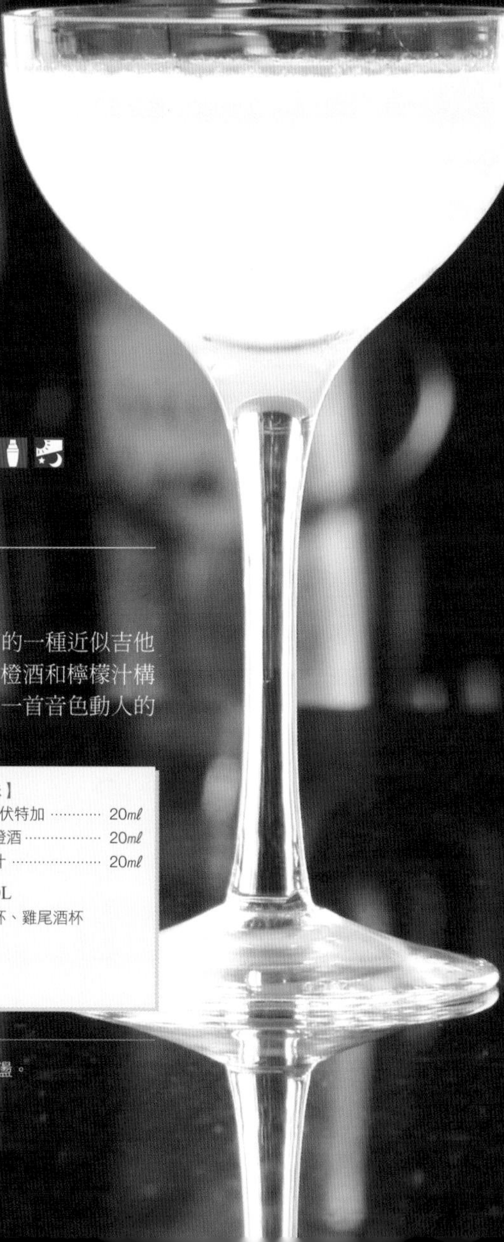

● RECIPE

【標準】

SKYY伏特加	30㎖
君度橙酒	15㎖
檸檬汁	15㎖

【澀味】

SKYY伏特加	40㎖
君度橙酒	10㎖
檸檬汁	10㎖

【淡味】

SKYY伏特加	20㎖
君度橙酒	20㎖
檸檬汁	20㎖

● TOOL

雪克杯、雞尾酒杯

MAKING

1 全部材料和冰塊放入雪克杯，搖盪。

2 倒入酒杯中。

Salty Dog

鹹狗

葡萄柚和鹽形成絕佳風味
鹹狗是極受歡迎的雞尾酒

鹹狗是最常見的鹽口杯雞尾酒，原本是以琴
酒為基酒，現在則固定採用伏特加來調配。
將伏特加與葡萄柚的比例調整到自己最喜歡
的口味。

RECIPE

伏特加	45mℓ
葡萄柚汁	適量
鹽	適量

TOOL

吧叉匙、可林杯

MAKING

1 用檸檬片把杯緣沾濕，沾鹽做成鹽口杯。

2 冰塊放入1的杯中，倒入伏特加、葡萄柚汁拌勻。

Sledge Hammer

大榔頭

以伏特加調出強烈口味的雞尾酒
一口入喉就有如被大榔頭擊中一般

這道雞尾酒採用60mℓ的伏特加，酒精濃度
高，喝一口就會直衝腦門，有如被大榔頭擊
中一般。除了萊姆汁的香味之外，還可品味
到伏特加的原味。

RECIPE

伏特加	60mℓ
萊姆汁	10mℓ

TOOL

雪克杯、雞尾酒杯

MAKING

1 全部材料和冰塊放入雪克杯，搖盪。

2 注入酒杯中。

以伏特加為基酒

Bloody Mary

血腥瑪莉

深紅酒色令人印象深刻
淺嘗一口滋味迷人

血腥瑪莉在酒吧非常流行，稱為「喝不醉的番茄汁」，據說不用擔心隔天宿醉。英格蘭女王瑪莉一世屠殺許多新教徒，因而被稱為血腥瑪莉，本品乃以此命名。

●RECIPE
伏特加 ………………	45ml
番茄汁 ………………	適量
半月形檸檬片 …………	1個
西洋芹 ………………	1根

●TOOL
平底杯、吧叉匙

MAKING

1 平底杯放冰塊，倒入伏特加、番茄汁，用吧叉匙輕輕拌勻。

2 杯邊裝飾半月形檸檬，插入西洋芹。

Bloody Cesar

血腥凱撒

CLAMATO番茄汁富含高營養價值
具有消除疲勞、維護健康的功效

血腥凱撒是把血腥瑪莉的番茄汁改為CLAMATO番茄汁。CLAMATO番茄汁添加了蛤蜊精的成分，味道更濃醇。

●RECIPE
伏特加 ………………	45ml
CLAMATO番茄汁 …………………	倒滿杯
半月形檸檬片 …………	1個
西洋芹 ………………	1根

●TOOL
吧叉匙、平底杯

MAKING

1 平底杯放冰塊，倒入伏特加、CLAMATO番茄汁輕輕拌勻。

2 杯邊裝飾半月形檸檬，插入西洋芹。

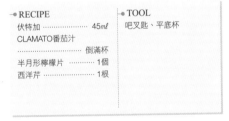

 36

White Spider

白蜘蛛

一如「白蜘蛛」之名
充滿神秘的魅力

這是伏特加和白薄荷香甜酒
調配而成的白色雞尾酒,看
似怪異,喝起來卻是清涼感
十足。白蜘蛛和「譏諷者」
(P.143)最大的差異只是把
白蘭地替換為伏特加而已,
所以又有「伏特加譏諷者」
之稱。

—● RECIPE
　伏特加 ⋯⋯⋯⋯⋯⋯⋯⋯⋯⋯⋯⋯45m*l*
　白薄荷香甜酒 ⋯⋯⋯⋯⋯⋯15m*l*

—● TOOL
　雪克杯、雞尾酒杯

MAKING

1　全部材料和冰塊放入雪克杯中搖
　　盪。

2　倒入酒杯中。

   35.5

Green Spider

綠蜘蛛

綠色酒色看似清涼
入口卻是強勁濃烈

伏特加與綠薄荷香甜酒組合
成這杯強勁有力的雞尾酒。
伏特加特有的苦澀風味加上
綠薄荷香甜酒的清涼感,喝
上一口之後,不禁令人全身
打了一個寒顫。

—● RECIPE
　伏特加 ⋯⋯⋯⋯⋯⋯⋯⋯⋯⋯⋯⋯45m*l*
　綠薄荷香甜酒 ⋯⋯⋯⋯⋯⋯15m*l*

—● TOOL
　雪克杯、雞尾酒杯

MAKING

1　全部材料和冰塊放入雪克杯搖
　　盪。

2　倒入酒杯中。

   35

Black Russian

黑色俄羅斯

古典酒杯裡的香醇雞尾酒
令人不禁愛上咖啡的香味

這是利用咖啡香甜酒和伏特
加調配而成的雞尾酒。基本
上是採用「攪拌法」,不
過,也可以將全部材料放入
雪克杯中搖盪,調製出來的
雞尾酒更滑順容易入口。

—● RECIPE
　伏特加 ⋯⋯⋯⋯⋯⋯⋯⋯⋯⋯⋯⋯40m*l*
　咖啡香甜酒⋯⋯⋯⋯⋯⋯⋯⋯20m*l*

—● TOOL
　吧叉匙、古典酒杯

MAKING

1　冰塊放入酒杯中,再倒入伏特加
　　和咖啡香甜酒。

2　輕輕拌勻。

以伏特加為基酒

Black Cloud

黑雲

輕啜一口就是滿滿的酒香味
還讓人產生懷舊的情感

Tia Maria是牙買加生產的咖
啡香甜酒。以5：5的比例來
調配伏特加和咖啡香甜酒，
味道比黑色俄羅斯（P69）
略甜，喝進口裡則會感覺到
滿滿的咖啡香味。

RECIPE

伏特加 ....40㎖
Tia Maria咖啡香甜酒 ....40㎖

TOOL

吧叉匙、古典酒杯

MAKING

1 冰塊放入杯中，再放入全部材料
拌勻。

A+C 12

Screwdriver

螺絲起子

柑橘的清爽香味
令這道雞尾酒百喝不厭

這是利用柳橙汁和伏特加酒
調配而成的雞尾酒，極受歡
迎。據說是在伊朗油田工作
的美國工人，習慣在伏特加
酒倒入柳橙汁，再用手上的
螺絲起子攪一攪，因而將這
道雞尾酒取名為「螺絲起
子」。

RECIPE

伏特加酒 ....45㎖
柳橙汁 ....適量

TOOL

吧叉匙、10盎斯平底杯

MAKING

1 冰塊放入杯中，倒入伏特加，再
把柳橙汁倒滿，輕輕拌勻。

A+C 15

Gorky Park

高爾基公園

草莓的酸甜果香
構成一杯美味的霜凍雞尾酒

「高爾基公園」最令人印象
深刻的是鮮嫩粉紅的酒色和
杯邊鮮豔欲滴的草莓，喝
的時候可以把草莓拌入霜凍
中，可以充分享受到草莓的
鮮味，有如享用一道美味的
飯後甜點。

RECIPE

伏特加酒 ....45㎖
紅石榴糖漿 ....2tsp.
草莓 2個

TOOL

果汁機、吧叉匙、廣口香檳酒杯

MAKING

1 全部材料（只用一個草莓）和碎
冰塊放入果汁機攪碎。

2 把1倒入杯中，杯緣裝飾草莓。

A+B　37
Godmother

教母

杏仁香甜酒的杏仁香味
令人全身舒暢無比

略帶苦澀的伏特加搭配上微
帶香甜的杏仁香甜酒，令人
聯想起任勞任怨的母親，不
僅有其嚴格強悍的一面，同
時又兼具慈祥溫柔的一面，
故將此雞尾酒命名為「教
母」。

→ RECIPE
伏特加 ·······························45㎖
杏仁香甜酒······················15㎖

→ TOOL
吧叉匙、古典酒杯

MAKING

1　冰塊放入杯中，倒入全部材料輕
輕拌勻。

A+B　8
Bull Shot

公牛砲彈

利用牛肉湯調配而成的雞尾酒
好喝到令人意猶未盡

公牛砲彈是利用牛肉湯調配
而成，極為少見的雞尾酒。
據說是在1953年，由美國
底特律的格佛兄弟調配出來
的。北歐人通常是盛在湯碗
裡飲用；在實施禁酒令的國
家，人們則把這道雞尾酒當
做一般的湯汁飲用。

→ RECIPE
伏特加 ······························30㎖
牛肉湯 ···························· 120㎖

→ TOOL
雪克杯、古典式酒杯

MAKING

1　伏特加和牛肉湯事先冰涼。

2　把1和冰塊放入雪克杯搖盪之後，
倒入酒杯中。

　＊可視個人口味添加鹽、胡椒、辣醬
油或辣椒醬。

A+B　28
Old England

古典英格蘭

乾淨俐落的口味
充滿成熟韻味的雞尾酒

透明的酒色顯得乾淨俐落，
給人成熟幹練的印象。伏特
加和澀味雪莉酒的比例為
5：5，口感滑順，一口飲
下，略帶苦澀的酒味自鼻孔
竄出，令人回味無窮。

→ RECIPE
伏特加 ······························30㎖
澀味雪莉酒·······················30㎖

→ TOOL
攪拌杯、吧叉匙、隔冰器、雞尾酒杯

MAKING

1　全部材料和冰塊放入攪拌杯中拌
勻。

2　蓋上隔冰器，倒入酒杯中。

Moscow Mule
莫斯科騾子的方程式

「莫斯科騾子」是極受歡迎的雞尾酒,由薑汁汽水和伏特加調配而成。不同品牌的伏特加和薑汁汽水所調出的味道各有不同,但是必須注意的一點是,不論採用何種杯子,伏特加的份量都是**40㎖**,再以其他的材料來調整味道。

標準的方程式

伏特加、萊姆汁的基本比例為4:1。

plus

萊姆汁
(**10㎖**)

plus

薑汁汽水
(**適量**)

伏特加
(**40㎖**)

標準的莫斯科騾子
(參照P.74)

$$40+10$$
$$4 : 1$$

「莫斯科騾子」可以根據不同品牌的伏特加、酒精度數和薑汁汽水的品牌,調配出不同的味道。不論是要調製澀味或是要調配出淡味,伏特加和萊姆汁的比例務必保持在4:1的黃金比例,這是調配美味「莫斯科騾子」的要訣所在。

利用薑汁汽水來變化味道

比標準口味更

澀味

★提高伏特加的酒精濃度
★使用澀味（Dry）的薑汁汽水

伏特加

配料

plus

配料

plus

SMIRNOFF伏特加(50度)

（**40**ml）

新鮮萊姆汁

（**10**ml）

WILKINSON薑汁汽水

（**適量**）

比標準口味更

淡味

★使用淡味的伏特加

伏特加

plus

配料

plus

配料

SKYY伏特加

（**40**ml）

萊姆糖漿

（**10**ml）

CANADA DRY薑汁汽水

（**適量**）

A+C+C

	S	D	M		
	13.3	13.3	13.3		

Moscow Mule

莫斯科騾子

喝了強烈的伏特加有如被騾子踢到一般
乃將此雞尾酒命名為「莫斯科騾子」

這道雞尾酒是於1940年代在美國誕生，爽口
的萊姆汁香味加上薑汁汽水的甜味與碳酸
味，喝起來令人心曠神怡。配上小黃瓜條更
能增添清爽的口感。

● RECIPE

【標準】

SKYY伏特加 ………… 40㎖
萊姆糖漿 ……………… 10㎖
CANADA DRY薑汁汽水
……………………… 倒滿
半月型萊姆片 ………… 1片
小黃瓜條 ……………… 1條

【灑味】

SMIRNOFF伏特加50°
……………………… 40㎖
萊姆糖漿 ……………… 10㎖
WILKINSON薑汁汽水
……………………… 倒滿

半月型萊姆片 ………… 1片
小黃瓜條 ……………… 1條

【淡味】

SKYY伏特加 ………… 40㎖
萊姆糖漿 ……………… 10㎖
CANADA DRY薑汁汽水
……………………… 倒滿
半月型萊姆片 ………… 1片
小黃瓜條 ……………… 1條

● TOOL

銅製馬克杯（標準）、可
林杯（灑味、淡味）

MAKING

1　冰塊放入杯中，擠入萊姆汁。（淡味的話則將萊姆
　片裝飾在杯緣）

2　把伏特加、萊姆糖漿倒入杯中，再倒滿冰涼的薑汁
　汽水。

3　裝飾小黃瓜條。

　※照片是淡味的莫斯科騾子

Russian

俄羅斯

香濃的可可香味
令人一口接一口喝個不停

伏特加與琴酒的組合原本會充滿苦辛辣味，
加入可可香甜酒之後，味道變得香甜滑順，
容易入口，又有「女性殺手」的美名。

RECIPE	TOOL
伏特加 ………………… 20㎖	雪克杯、雞尾酒杯
澀味琴酒 ……………… 20㎖	
可可香甜酒 …………… 20㎖	

MAKING

1 全部材料和冰塊放入雪克杯中搖盪。

2 倒入酒杯中。

White Russian

白色俄羅斯

咖啡香甜酒和鮮奶油的組合香甜誘人
極受女性歡迎的雞尾酒

以伏特加為基酒

在黑色俄羅斯雞尾酒(P69)之中添加了白色
鮮奶油，就是這道白色俄羅斯。香甜的咖啡
香甜酒和鮮奶油減少了伏特加的刺激口感，
最適合女性飲用。

RECIPE	TOOL
伏特加 ………………… 40㎖	吧叉匙、古典酒杯
咖啡香甜酒 …………… 20㎖	
鮮奶油 ………………… 適量	

MAKING

1 冰塊放入杯中，倒入伏特加、咖啡香甜酒拌勻。

2 輕輕倒入鮮奶油使其漂浮在上面。

同志

映在雞尾酒杯上的淡白酒色
令人連想到深摯的朋友情誼

伏特加搭配Hermes Kummer香甜酒,再加上爽口的萊姆酸味,組成這杯清爽好喝的雞尾酒。Tovarich的俄語原意為「同志」,所以很適合和好友舉杯共飲。

•— RECIPE	•— TOOL
伏特加 ………………… 30ml	雪克杯、雞尾酒杯
Hermes Kummer香甜酒	
………………… 15ml	
萊姆汁 ………………… 15ml	

MAKING ————————

1 全部材料和冰塊放入雪克杯搖盪。

2 倒入酒杯中。

南方鞭炮

柳橙色的酒色和柳橙汁的香味
有如耀眼的陽光般引人注目

伏特加和柳橙汁調配而成的「螺絲起子」(P70)再加上Southern Comfort香甜酒(市面上稱為「南方安逸香甜酒」),就是這杯充滿果汁風味的雞尾酒。

•— RECIPE	•— TOOL
伏特加 ………………… 30ml	吧叉匙、平底杯
Southern Comfort香甜酒	
………………… 15ml	
柳橙汁 ………………… 適量	

MAKING ————————

1 冰塊放入杯中,再倒入伏特加、香甜酒拌勻。

2 接著倒入柳橙到滿杯。

A+B+B `35.3`

Marilyn Monroe

瑪麗蓮夢露

性感如瑪麗蓮夢露的女性都應該喝這杯雞尾酒

這是根據性感女神瑪麗蓮夢露的印象所調配出來的雞尾酒，淡淡的粉紅酒色充滿性感氣氛，輕啜一口，甜味苦艾酒所具有的複雜又獨特的香味溢滿整個口腔，被命名為美國性感女神「瑪麗蓮夢露」就絲毫不足為奇了。

RECIPE
伏特加	45mℓ
CAMPARI香甜酒	10mℓ
甜味苦艾酒	5mℓ

TOOL
攪拌杯、吧叉匙、隔冰器、雞尾酒杯

MAKING

1 全部材料和冰塊放入攪拌杯拌勻。

2 蓋上隔冰器，倒入酒杯中。

A+B+C `39.1`

Blue Monday

藍色星期一

晶瑩剔透又鮮豔的藍色酒色令憂鬱的心情頓時開朗起來

這杯清亮美麗的藍色雞尾酒，似乎會讓「憂鬱的星期一」頓時消失得無影無蹤。苦澀的伏特加搭配君度橙酒和藍柑橘香甜酒，輕啜一口，讓人快樂迎接即將到來的星期一。

RECIPE
伏特加	45mℓ
君度橙酒	15mℓ
藍柑橘香甜酒	1tsp.

TOOL
雪克杯、雞尾酒杯

MAKING

1 全部材料和冰塊放入雪克杯中搖盪。

2 倒入酒杯中。

A+B+B `29.8`

Green Sea

綠海

這杯迷人的雞尾酒，充分發揮了綠薄荷香甜酒的魅力

綠薄荷香甜酒所造成的鮮綠色的酒色以及散逸的清爽香味，令人有如沉浸在一片綠色汪洋大海之中。綠薄荷香甜酒降服了伏特加和澀味苦艾酒的苦澀味，喝起來滑順易入口。

RECIPE
伏特加	30mℓ
澀味苦艾酒	15mℓ
綠薄荷香甜酒	15mℓ

TOOL
攪拌杯、吧叉匙、隔冰器、雞尾酒杯

MAKING

1 全部材料和冰塊放入攪拌杯中拌勻。

2 蓋上隔冰器，倒入酒杯中。

Silver Wing

銀色羽翼

端莊高雅的酒色
適合成熟淑女飲用的雞尾酒

利用君度橙酒緩和伏特加和
澀味苦艾酒的苦澀味，味道
清爽容易入口。銀色的酒色
充滿神秘氣氛，有如沉浸在
銀色世界中。

●RECIPE
伏特加 ⋯⋯⋯⋯⋯⋯⋯⋯⋯⋯ 30mℓ
君度橙酒 ⋯⋯⋯⋯⋯⋯⋯⋯ 15mℓ
澀味苦艾酒⋯⋯⋯⋯⋯⋯⋯ 15mℓ

●TOOL
攪拌杯、吧叉匙、隔冰器、雞尾酒
杯

MAKING
1 全部材料和冰塊放入攪拌杯中拌
勻。

2 蓋上隔冰器，倒入酒杯中。

A+B+C 20

Yellow Fellow

黃色伙伴

暈黃色的酒色
給人溫柔女性的印象

伏特加搭配高雅的白柑橘香
甜酒，再加上味道清香的鳳
梨汁，構成這杯令人百喝不
厭的「黃色伙伴」。酒精度
數不高又充滿果汁風味，很
受女性歡迎。

●RECIPE
伏特加 ⋯⋯⋯⋯⋯⋯⋯⋯⋯⋯ 20mℓ
白柑橘香甜酒 ⋯⋯⋯⋯⋯⋯ 10mℓ
鳳梨汁 ⋯⋯⋯⋯⋯⋯⋯⋯⋯⋯ 30mℓ

●TOOL
雪克杯、雞尾酒杯

MAKING
1 全部材料和冰塊放入雪克杯中搖
盪。

2 倒入酒杯中。

A+B+C 29.6

Fuzzy Kamikaze

模糊神風

水蜜桃與萊姆的水果風味
構成清爽口味的雞尾酒

水蜜桃香甜酒的香甜風味加
上新鮮萊姆汁的酸味，讓人
品味到清爽的香甜味，比
「神風」（P79）更富含水
果香，酒味也比較清淡，很
適合女性飲用。

●RECIPE
伏特加 ⋯⋯⋯⋯⋯⋯⋯⋯⋯⋯ 45mℓ
水蜜桃香甜酒 ⋯⋯⋯⋯⋯⋯ 15mℓ
新鮮萊姆汁⋯⋯⋯⋯⋯⋯⋯ 10mℓ

●TOOL
雪克杯、雞尾酒杯

MAKING
1 全部材料和冰塊放入雪克杯中搖
盪。

2 倒入酒杯中。

Kamikaze

神風

酒勁強烈銳利
有如強烈攻擊喉嚨一般

Yukiguni

雪鄉

充滿雪鄉情境的雞尾酒
杯底的綠櫻桃令人印象深刻

以伏特加為基酒

辛辣的伏特加、白柑橘香甜酒和萊姆汁調配出酒勁強烈又帶有芳香酒氣的雞尾酒，喝一口就感覺像日本「自殺飛機」一般，一股美味強烈通過喉嚨。

這是1958年日本雞尾酒大賽榮獲首獎的作品，作者是井山計一。白柑橘香甜酒和萊姆汁的清爽風味與糖口杯，充分表現出井山計一的家鄉雪景。

RECIPE

伏特加	20ml
白柑橘香甜酒	20ml
新鮮萊姆汁	20ml

TOOL

雪克杯、古典酒杯

RECIPE

伏特加	30ml
白柑橘香甜酒	15ml
萊姆糖漿	15ml
砂糖	適量
檸檬片	1片
綠櫻桃	1個

TOOL

雪克杯、雞尾酒杯

MAKING

1 全部材料和冰塊放入雪克杯中搖盪。

2 酒杯放冰塊，再倒入1。

MAKING

1 杯口先用檸檬沾濕，再沾上砂糖做成糖口杯。

2 伏特加、白柑橘香甜酒、萊姆糖漿和冰塊放入雪克杯中搖盪。

3 把2倒入1中，放入綠櫻桃。

Road Runner

路跑者

杏仁香甜酒又被稱為「愛的香甜酒」
加入椰奶具有甜點感覺的雞尾酒

香醇的杏仁香甜酒、伏特加和濃厚的椰奶搭
配成這道甜點感覺的雞尾酒。最後添加的豆
蔻粉可以增添整杯酒的風味。

● RECIPE

伏特加	30㎖
杏仁香甜酒	15㎖
椰奶	15㎖
豆蔻粉	適量

● TOOL

雪克杯、雞尾酒杯

MAKING

1 把豆蔻粉以外的材料和冰塊放入雪克杯中搖盪。

2 倒入酒杯中，撒上豆蔻粉。

Panache

帕納雪

洋溢櫻桃白蘭地的香醇風味
以伏特加調配成最原始的「帕納雪」

櫻桃白蘭地和澀味苦艾酒構成和諧的風味。
最近流行的「帕納雪」是以啤酒做為基酒，
不過，這道雞尾酒的歷史悠久，應該是「帕
納雪」的始祖。

● RECIPE

伏特加	30㎖
澀味苦艾酒	20㎖
櫻桃白蘭地	10㎖
糖漬櫻桃	1個

● TOOL

雪克杯、雞尾酒杯

MAKING

1 櫻桃以外的材料和冰塊放入雪克杯中搖盪。

2 倒入酒杯中，杯緣裝飾糖漬櫻桃。

A + C + C `10`

Salt Lick

鹽漬地

清爽的口感
可以讓人完全放鬆

伏特加、葡萄柚汁和鹽口杯構成受歡迎的「鹹狗」（P67），再加入通寧汽水就調配出這杯「鹽漬地」。碳酸汽水喝起來更順口美味，令人百喝不厭。

RECIPE

伏特加	30$m\ell$
葡萄柚汁	45$m\ell$
通寧汽水	15$m\ell$
檸檬片	1片
鹽	適量

TOOL
吧叉匙、可林杯

MAKING

1 杯子邊緣用檸檬沾濕，沾鹽做成鹽口杯。

2 冰塊放入1的杯中，依序倒入伏特加、葡萄柚汁、通寧汽水，拌勻。

 **A + C + C** `10`

Bay Breeze

海灣微風

鳳梨和蔓越莓的清香味道溢滿整個舌蕾

伏特加和鳳梨汁、蔓越莓汁調配出這杯果汁風味的雞尾酒。嬌豔的紅色酒色與自酒杯散逸開來的水果香味，讓可愛的女生忍不住想偷喝一口。

RECIPE

伏特加	40$m\ell$
鳳梨汁	60$m\ell$
蔓越莓汁	60$m\ell$

TOOL
吧叉匙、可林杯

MAKING

1 冰塊放入酒杯中，倒入全部材料拌勻。

 A + C + C `10`

Madras

馬德拉斯

最適合在炎炎夏日飲用
可以令人精神百倍

柳橙汁、蔓越莓汁和伏特加組合成這杯色澤豔麗的雞尾酒，伏特加40$m\ell$、柳橙汁和蔓越莓汁各為60$m\ell$，果汁味幾乎淹沒酒味，卻仍有淡淡的酒勁，最適合行動派的女性飲用。

RECIPE

伏特加	40$m\ell$
柳橙汁	60$m\ell$
蔓越莓汁	60$m\ell$

TOOL
吧叉匙、可林杯

MAKING

1 把材料和冰塊放入酒杯中輕輕拌勻。

以伏特加為基酒

81

A+B+C 21

Barbara

芭芭拉

味道又濃又純
有如享用一杯巧克力慕斯

這道芭芭拉又被稱為「俄羅斯熊」,只是將「俄羅斯」(P75)的澀味琴酒改為鮮奶油,就調配出這道具有可可與鮮奶油香味的雞尾酒,味道香純有如巧克力慕斯。

→ **RECIPE**

伏特加	20mℓ
可可香甜酒	20mℓ
鮮奶油	20mℓ

→ **TOOL**
雪克杯、雞尾酒杯

MAKING

1 全部材料和冰塊放入雪克杯中搖盪。

2 倒入酒杯中。

A+B+B 34.3

After Midnight

午夜酒

微微嗆鼻又略帶苦味
一杯爽快感十足的雞尾酒

苦澀的伏特加、略帶苦甘味的白可可香甜酒、色香味俱足的綠薄荷香甜酒,組合成這杯味道百分百均衡的雞尾酒。深情款款凝視著最愛的情人時,手裡最適合端著這杯雞尾酒。

→ **RECIPE**

伏特加	40mℓ
白可可香甜酒	10mℓ
綠薄荷香甜酒	10mℓ

→ **TOOL**
雪克杯、古典酒杯

MAKING

1 全部材料和冰塊放入雪克杯中搖盪。

2 倒入古典酒杯中。

A+C+C 10

Purple Passion

紫色激情

充分表現出伏特加特性的
激情洋溢的雞尾酒

伏特加和葡萄汁、葡萄柚汁組合成這杯洋溢果汁風味,酸酸甜甜的雞尾酒,不過,仍然保有伏特加的酒勁,啜飲一口之後,仍可以從香濃果汁中感受到伏特加的「激情」。

→ **RECIPE**

伏特加	40mℓ
葡萄汁	60mℓ
葡萄柚汁	60mℓ

→ **TOOL**
吧叉匙、可林酒杯

MAKING

1 杯中放冰塊,再依序倒入全部材料,輕輕拌勻。

Rum

以蘭姆酒為基酒

 plus  plus

蘭姆酒的基礎知識

knowledge of Rum

蘭姆酒是以甘蔗糖蜜釀造而成，具有特殊風味。蘭姆酒又因產地和製法的不同，分為許多類型，不妨根據自己的喜好挑選合適的品牌。

蘭姆酒的歷史

蘭姆酒是以甘蔗糖蜜釀造而成，其發祥地則眾說紛紜，沒有定論。其中一個說法是16世紀左右，西班牙探險家途經波多黎各時所釀造，另一種說法則是17世紀，移居到巴貝多的英國人所釀造。

蘭姆酒具有甘蔗特有的風味，雞尾酒很少加以利用。但是，自從Bacardi釀造出無色無味透明的蘭姆酒之後，大受世人歡迎，進而推廣到全世界。

蘭姆酒的種類

雞尾酒使用的蘭姆酒通常可以分為3大類。

最常被做為雞尾酒基酒的，是無色無強烈味道且透明的「白色蘭姆酒」。

其次是在無色蘭姆酒添加焦糖上色的「金色蘭姆酒」；另外一種是熟成三年以上，酒色呈褐色的「深色蘭姆酒」，酒味濃醇，口感滑順。

此外，根據釀造法的不同，也可以把蘭姆酒分為酒味較淡的「清淡型蘭姆酒」、酒味厚重的「厚重型蘭姆酒」、以及酒味位居其中的「中間型蘭姆酒」。

 蘭姆酒的分類

白色蘭姆酒／清淡型蘭姆酒	
以純粹酵母蒸餾，再經過活性碳過濾的無色透明蘭姆酒。無異味，微甜。	▶ 酒香柔和，口味乾爽，可以調出略帶苦澀味的雞尾酒。
金色蘭姆酒／中間型蘭姆酒	
添加焦糖使酒色略帶褐色，而且是透明的褐色，酒味微烈。	▶ 酒味介於白色和深色之間，可以調配出口感滑順的雞尾酒。
深色蘭姆酒／厚重型蘭姆酒	
以糖蜜自然發酵釀造，經過蒸餾機蒸餾釀造成蘭姆酒，再經過3年以上的熟成才上市。具有木桶香，酒味強烈。	▶ 適合直接飲用或加冰塊喝。用來調配雞尾酒的話，味道太濃。

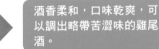

Dry

這是將白色蘭姆酒、淡味蘭姆酒過濾以降低其特有風味後的蘭姆酒為主流，利用這類的蘭姆酒可以調配出口感芳郁清爽的雞尾酒。

BACARDI
(白色蘭姆酒)

世界首創的白色蘭姆酒，完全過濾掉雜質，味道清爽，是極受歡迎的蘭姆酒品牌。

● 度數／40%
● 容量／750㎖

MYERS'S RUM
Premium White

將熟成的蘭姆酒加以過濾而成的酒味豐富、口感佳的白色蘭姆酒。

● 度數／40%
● 容量／750㎖

APPLETON WHITE

沒有蘭姆酒特有的異味，口感清爽。產於牙買加，是著名的淡味蘭姆酒。

● 度數／40%
● 容量／750㎖

medium

這類蘭姆酒也是屬於白色蘭姆酒，不過，酒味更加清爽，也更容易入喉。使用這類蘭姆酒可以調配出口味更沉穩的雞尾酒。請試著找出適合自己口味的蘭姆酒。

NEGRITA白色蘭姆酒

酒味屬於清淡型，口感滑順。

- 度數／40%
- 容量／1000㎖

LEMON HART白色蘭姆酒

沒有異味，適合調配雞尾酒。

- 度數／40%
- 容量／700㎖

FERNANDES "19" 白色蘭姆酒

千里達托巴哥製造的蘭姆酒，香味與酒味非常均衡。

- 度數／40%
- 容量／750㎖

Havana Club

古巴產的著名蘭姆酒，新鮮口感是主要特徵。

- 度數／40%
- 容量／750㎖

mild

金色蘭姆酒、深色蘭姆酒屬於此
類，酒味稍微強烈，口感比白色
蘭姆酒更滑順。用來調配雞尾酒
的話，味道會顯得厚重，不過，
比較容易入口。

MYERS'S RUM

牙買加生產的蘭姆酒經過熟成後
才正式上市，極受歡迎。

- 度數／40%
- 容量／200㎖、700 ㎖

APPLETON SPECIAL金色

香味濃醇芳郁，容易入口是主要
特徵。

- 度數／40%
- 容量／750㎖

BACARDI ORO

這是金色蘭姆酒，口感柔和滑順。

- 度數／40%
- 容量／750㎖

LEMON HART

經過充分熟成才上市，口感香醇
深厚是主要特徵。

- 度數／40%
- 容量／750㎖

Daiquiri
戴吉利的方程式

蘭姆酒的風味、柑橘的酸味和砂糖的甜味，由這三種味道構成「戴吉利」雞尾酒。可以利用無色無異味的白色蘭姆酒，也可以利用熟成型的金色蘭姆酒來調配。此外，也可以增減糖漿的份量來調整甜度，調配出不同口味的戴吉利。

標準的方程式

基本比例是白色蘭姆酒45ml、檸檬汁15ml、糖漿10ml。

plus

plus

檸檬汁
（15ml）

糖漿
（15ml）

白色蘭姆酒
（45ml）

標準戴吉利
（P.90）

黃金比例

$$45+15+10$$

$$3:1:0.5$$

戴吉利的主要特徵是必須保留酒的苦澀味之外，還需要表現出均衡的酸味與甜味，因此，調配的黃金比例為3：1：0.5，也就是蘭姆酒為3、檸檬汁為1、糖漿則是檸檬汁的一半，這樣才能調出口感均衡的戴吉利。

比標準口味更

澀 味

★以新鮮萊姆汁代替檸檬汁。
★調配比例改為9：3：1。

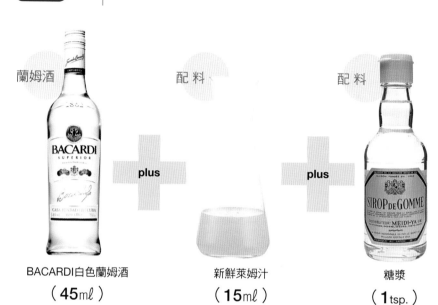

蘭姆酒　　　　　　　　配料　　　　　　　　配料

plus　　　　　　plus

BACARDI白色蘭姆酒　　　　　新鮮萊姆汁　　　　　　糖漿

（**45**mℓ）　　　　　（**15**mℓ）　　　　　（**1**tsp.）

比標準口味更

淡 味

★改用比較淡味的蘭姆酒。
★調配比例改為2：1：1。

蘭姆酒　　　　　　　　配料　　　　　　　　配料

plus　　　　　　plus

BACARDI 金色蘭姆酒　　　　　檸檬汁　　　　　　　糖漿

（**30**mℓ）　　　　　（**15**mℓ）　　　　　（**15**mℓ）

以蘭姆酒為基酒

	S	D	M		M		
A＋C＋C	24	25.7	10				

Daiquiri

戴吉利

充分發揮蘭姆酒特色的雞尾酒
是大文豪海明威和沙林傑的最愛

以蘭姆酒為基酒的雞尾酒當中，戴吉利是最
受歡迎的一種。據說是源自19世紀左右，在
古巴戴吉利礦山工作的礦工經常喝這個藉以
消除疲勞。

● RECIPE

【標準】
BACARDI白色蘭姆酒
.... 45㎖
檸檬汁 .... 15㎖
糖漿 .... 10㎖

【澀味】
BACARDI白色蘭姆酒
.... 45㎖
新鮮萊姆汁.............. 15㎖
糖漿 .... 10㎖

【淡味】
BACARDI金色蘭姆酒
.... 30㎖
檸檬汁 .... 15㎖
糖漿 .... 15㎖
紅石榴糖漿........... 1tsp.

● TOOL

雪克杯、雞尾酒杯（標
準、澀味）、廣口香檳酒
杯（淡味）、果汁機

MAKING

1 全部材料和冰塊放入雪克杯中搖盪。（淡味則是把紅
   石榴糖漿以外的材料和碎冰塊放入果汁機中打勻）

2 倒入酒杯中。（淡味則是先在酒杯中加入紅石榴糖
   漿，再倒入1）

A+C　　12

Cuba Libre

自由古巴

這是一道具有歷史背景的雞尾酒
清爽的可樂和香醇的蘭姆酒極為搭調

此酒名的由來是，1902年，古巴脫離西班
牙獨立，古巴人興奮的吶喊「Viva Cuba
Libre!!」（自由古巴萬歲）。濃厚的蘭姆酒
和清爽的可樂形成受歡迎的雞尾酒之一。

➡RECIPE		➡TOOL
白色蘭姆酒	45㎖	吧叉匙、10盎斯平底杯、
可樂	適量	攪拌棒
檸檬	1/4個	

MAKING ───────

1　把檸檬擠入平底杯，放入冰塊。

2　倒入白色蘭姆酒，再倒滿可樂，輕輕拌勻，插入攪拌棒。

A+C　　16

Jackstone Cooler

傑克史東酷樂

這道雞尾酒的材料很簡單
卻能充分享受到濃醇的蘭姆酒香味

「深色蘭姆酒」指的是熟成三年以上的蘭姆
酒，風味比較濃醇。這道雞尾酒所用的材料
很簡單，卻可以直接品味到蘭姆酒的熟成香
味，加上蘇打汽水與檸檬，口感更佳。

➡RECIPE		➡TOOL
深色蘭姆酒	60㎖	可林酒杯、攪拌棒
蘇打汽水	倒滿	
檸檬	1個	

MAKING ───────

1　檸檬皮削成長條狀。

2　杯子放冰塊，放入1的長條狀檸檬皮，倒入蘭姆酒、蘇打汽水，插入攪拌棒。

以蘭姆酒為基酒

A+B 40

Little Devil

小惡魔

乍看下應該是口味清爽
苦澀味卻有如小惡魔一般

酒色純白看似口味清爽，喝一口才知道味道強勁苦澀，滿口都是酒精味，幾乎每個人都會被它的外觀所矇騙，所以才會有「小惡魔」之稱。

RECIPE
白色蘭姆酒⋯⋯⋯⋯⋯⋯⋯30㎖
澀味琴酒⋯⋯⋯⋯⋯⋯⋯30㎖

TOOL
雪克杯、雞尾酒杯

MAKING
1 全部材料和冰塊放入雪克杯中搖盪。
2 倒入酒杯中。

A+B 32

Black Devil

黑色惡魔

苦澀強勁的口味
喝起來勁味十足

杯底放了一顆橄欖，充滿高雅的氛圍，很容易被誤以為是「馬丁尼」。其實這是以蘭姆酒為基酒，再搭配澀味苦艾酒調製而成的雞尾酒。苦澀與強勁的味道連馬丁尼都難望其項背，美味一流。

RECIPE
白色蘭姆酒⋯⋯⋯⋯⋯⋯⋯40㎖
澀味苦艾酒⋯⋯⋯⋯⋯⋯⋯20㎖
黑橄欖⋯⋯⋯⋯⋯⋯⋯1個

TOOL
攪拌杯、吧叉匙、隔冰器、刺針、雞尾酒杯

MAKING
1 白色蘭姆酒、澀味苦艾酒和冰塊放入攪拌杯拌勻。
2 蓋上隔冰器，倒入酒杯。刺針插黑橄欖，放入杯底。

A+B 28

Little Princess

小公主

蘭姆酒和甜味苦艾酒組成一杯，高雅又複雜的雞尾酒

這道雞尾酒的材料很簡單，白色蘭姆酒和甜味苦艾酒的比例為5：5，但是卻組合出極為高雅的酒色，酒味則是略帶甜味的複雜風味，宛如穿著華麗美服翩翩起舞的小公主。

RECIPE
白色蘭姆酒⋯⋯⋯⋯⋯⋯⋯30㎖
甜味苦艾酒⋯⋯⋯⋯⋯⋯⋯30㎖

TOOL
攪拌杯、吧叉匙、隔冰器、雞尾酒杯

MAKING
1 全部材料和冰塊放入攪拌杯中拌勻。
2 蓋上隔冰器，倒入酒杯中。

A·C·C·C 13
Frozen Daiquri

霜凍戴吉利

霜凍雞尾酒是用來隱喻
白雪皚皚的古巴戴吉利礦山

把金色蘭姆酒、糖漿和碎冰塊打成霜凍，是
炎炎夏日最佳的消暑聖品。大文豪海明威尤
其愛喝不加糖漿的霜凍戴吉利。

RECIPE
金色蘭姆酒	30mℓ
檸檬汁	15mℓ
糖漿	1tsp.
紅石榴糖漿	1tsp.
薄荷葉	適量

TOOL
果汁機、吧叉匙、廣口香
檳酒杯、2根吸管

MAKING
1 把紅石榴糖漿以外的材料和碎冰塊放入果汁機中。

2 紅石榴糖漿滴入酒杯底部，再倒入1，裝飾薄荷葉，再
插入吸管。

A+B+C 20
Daiquiri Blossom

戴吉利花

蘭姆酒的特殊風味和柳橙的酸甜味
構成一杯充滿果汁風味的雞尾酒

蘭姆酒和檸檬汁是戴吉利的基本組合，這裡
則以柳橙汁代替檸檬汁，味道更香甜，口感
更清爽，尤其是亮麗的橘色更是賞心悅目，
令人心曠神怡。

RECIPE
白色蘭姆酒	30mℓ
櫻桃香甜酒	1dash
柳橙汁	30mℓ

TOOL
雪克杯、雞尾酒杯

MAKING
1 全部材料和冰塊放入雪克杯中搖盪。

2 倒入酒杯中。

以蘭姆酒為基酒

93

巴卡迪

蘭姆酒和檸檬汁構成清爽味道
酒精濃度高，不宜喝過量

BACARDI是知名的蘭姆酒品牌，所以在
1936年，紐約的法院做成一項著名的裁
定：「調配Bacardi的時候，一定要使用
BACARDI蘭姆酒」，並且被人們一直沿用
至今。

●RECIPE	●TOOL
BACARDI白色蘭姆酒 45ml	雪克杯、雞尾酒杯
檸檬汁 15ml	
紅石榴糖漿 .... 1tsp.	

MAKING

1 全部材料和冰塊放入雪克杯中搖盪。

2 倒入酒杯中。

聖地牙哥

這是使用聖地牙哥釀製的蘭姆酒
調配而成的辛辣味雞尾酒

聖地牙哥是著名的蘭姆酒產地，這道雞尾酒
即是以此為名。材料和前面的「巴卡迪」近
似，不同的是調高了蘭姆酒的份量，喝起來
口感比較苦澀，令蘭姆酒愛好者百喝不厭。

●RECIPE	●TOOL
白色蘭姆酒 55ml	雪克杯、雞尾酒杯。
萊姆汁 .... 2tsp.	
紅石榴糖漿 .... 2tsp.	

MAKING

1 全部材料和冰塊放入雪克杯中搖盪。

2 倒入酒杯中。

A+B+C 30
X.Y.Z

X.Y.Z

充滿柑橘香味
令人一喝就愛上的雞尾酒

白色蘭姆酒、君度橙酒和
檸檬汁組合成這一杯清爽
風味的雞尾酒。取名為
「X.Y.Z」是因為這是最後
三個英文字母，意喻任何雞
尾酒都比不上這道雞尾酒。

● RECIPE
白色蘭姆酒·····················30㎖
君度橙酒 ·······················15㎖
檸檬汁 ·························15㎖

● TOOL
雪克杯、雞尾酒杯。

MAKING
1 全部材料和冰塊放入雪克杯中搖
   盪。
2 倒入酒杯中。

A+B+C 29
Quarter Deck

後甲板

有如波浪拍岸的酒色
令人沉醉其中

蘭姆酒搭配香醇的澀味雪
莉酒，組成這道味道芳
醇的「Quarter Deck」。
「Quarter Deck」的含意
包括有「後甲板、高級船
員」，使雞尾酒充滿港口男
子漢的韻味，最適合在海邊
的渡假聖地飲用。

● RECIPE
白色蘭姆酒·····················40㎖
澀味雪莉酒·····················20㎖
萊姆汁 ·························1tsp.

● TOOL
攪拌杯、吧叉匙、隔冰器、雞尾酒杯

MAKING
1 全部材料和冰塊放入攪拌杯中拌
   勻。
2 蓋上隔冰器，倒入酒杯中。

A+B+C 38
Miami

邁阿密

這道雞尾酒令人連想到
邁阿密怡人的氣候

佛羅里達州的邁阿密是美國
的渡假聖地，這道雞尾酒正
是以此為名。淡味蘭姆酒和
君度橙酒、檸檬汁的組合，
使這道雞尾酒充滿淡淡的柑
橘香味，最適合在長期休假
時輕鬆享用。

● RECIPE
淡味蘭姆酒·····················40㎖
君度橙酒 ·······················20㎖
檸檬汁 ·························1tsp.

● TOOL
雪克杯、雞尾酒杯。

MAKING
1 全部材料和冰塊放入雪克杯中搖
   盪。
2 倒入酒杯中。

以蘭姆酒為基酒

Planter's Cocktail

農夫的雞尾酒

有如利用鮮採水果調配而成充滿水果香味的雞尾酒

「Planter」的原意是農場主人或農夫。這道雞尾酒是利用白色蘭姆酒、柳橙汁和檸檬汁調配而成，就有如使用現摘水果一般，充滿新鮮的水果香味。

RECIPE
白色蘭姆酒	30㎖
柳橙汁	20㎖
檸檬汁	1tsp.

TOOL
雪克杯、雞尾酒杯。

MAKING

1 全部材料和冰塊放入雪克杯中搖盪。

2 倒入酒杯中。

A+B+C 26

Columbus

哥倫布

金黃酒色令人目眩神迷，有如哥倫布所要尋找的黃金國

這道雞尾酒充滿杏桃白蘭地的微甜香味，再加上檸檬散發出來的酸甜味，形成令人難以捉摸的味道。就有如矢志尋找黃金國的哥倫布一般，全身充滿冒險心，每一口都令人膽戰心驚。

RECIPE
金色蘭姆酒	30㎖
杏桃白蘭地	15㎖
新鮮檸檬汁	15㎖

TOOL
雪克杯、雞尾酒杯。

MAKING

1 全部材料和冰塊放入雪克杯中搖盪。

2 倒入酒杯中。

A+B+C 36

Last Kiss

最後一吻

白蘭地的淡淡香味
充滿成熟戀情風味的雞尾酒

沒有特殊異味的白色蘭姆酒加上風味特殊的白蘭地，再搭配酸酸的檸檬汁，構成這杯味道香醇又略帶苦澀味的雞尾酒。宛如成熟戀情即將結束的「最後一吻」一般，很難一語道盡。

RECIPE
白色蘭姆酒	45㎖
白蘭地	10㎖
檸檬汁	5㎖

TOOL
雪克杯、雞尾酒杯。

MAKING

1 全部材料和冰塊放入雪克杯中搖盪。

2 倒入酒杯中。

Platinum Blonde

金髮美女

宛如慕斯一般的鮮奶油
給人成熟女性的印象

這杯給人金髮美女印象的雞
尾酒,是由白色蘭姆酒、白
柑橘香甜酒以及鮮奶油所調
配而成,具有清爽的香味與
奶油的口感,味道濃厚卻容
易入口,適合做為餐後酒以
代替餐後甜點。

→ RECIPE
白色蘭姆酒·····················20mℓ
白柑橘香甜酒 ·················20mℓ
鮮奶油·····························20mℓ

→ TOOL
雪克杯、雞尾酒杯。

MAKING
1 全部材料和冰塊放入雪克杯中搖
盪。
2 倒入酒杯中。

以蘭姆酒為基酒

Cleopatra

埃及豔后

香醇濃厚的印象
有如高雅豔麗的絕世美女

由白色蘭姆酒、咖啡香甜酒
和鮮奶油調配而成的這道雞
尾酒,宛如古埃及的絕世美
女——埃及豔后。口感細膩
雅致,再加上香郁豆蔻粉,
喝起來充滿優雅的口感。

→ RECIPE
白色蘭姆酒·····························25mℓ
咖啡香甜酒·····························20mℓ
鮮奶油·································15mℓ
豆蔻粉 ·································適量

→ TOOL
雪克杯、雞尾酒杯。

MAKING
1 全部材料和冰塊放入雪克杯中搖
盪。
2 倒入酒杯中。

Passion Blonde

熱情美女

看似氣質高雅的雞尾酒
卻充滿熱情的後勁

這杯雞尾酒充滿濃濃的鮮奶
油味道,看似柔和順口,但
是一喝進嘴裡卻可以深刻感
受到蘭姆酒的強烈後勁,令
人對雞尾酒另眼相看。

→ RECIPE
白色蘭姆酒·····················20mℓ
黃柑橘香甜酒 ·················20mℓ
鮮奶油·····························20mℓ

→ TOOL
雪克杯、雞尾酒杯。

MAKING
1 全部材料和冰塊放入雪克杯中搖
盪。
2 倒入酒杯中。

Habana Beach

哈瓦納海灘

使用熱帶水果調配而成
充滿熱情洋溢的南國風味

這杯雞尾酒隱喻古巴首都哈瓦那的白色沙灘、以及翡翠綠一般的美麗海洋。以古巴產的蘭姆酒和酸甜的鳳梨汁調配而成，喝一口宛如身處美麗的沙灘，聆聽浪潮拍岸的動人樂章。

→ RECIPE

白色蘭姆酒	30ml
鳳梨汁	30ml
糖漿	1tsp.

→ TOOL

雪克杯、雞尾酒杯。

MAKING

1 全部材料和冰塊放入雪克杯中搖盪。

2 倒入酒杯中。

Caribe

加勒比

鳳梨汁和檸檬汁的味道
令人聯想到加勒比的海風

蘭姆酒的產地「古巴」是面對加勒比海的國家，當地盛產味道濃醇的蘭姆酒，搭配鳳梨汁和檸檬汁調配出微帶酸甜的雞尾酒，令人百喝不厭，只要喝上一口，就會令人聯想到這個南方的國度。

→ RECIPE

白色蘭姆酒	30ml
鳳梨汁	20ml
新鮮檸檬汁	10ml

→ TOOL

雪克杯、雞尾酒杯。

MAKING

1 全部材料和冰塊放入雪克杯中搖盪。

2 倒入酒杯中。

True Romance

真情羅曼史

清澈且味道豐富的雞尾酒
可以感受到真情一百

白色蘭姆酒、西洋梨香甜酒和新鮮檸檬汁，調製成這杯充滿水果風味且略帶酸甜的雞尾酒，味道豐富多變，透明的酒色更是引人遐思。想要傳達真愛時，最適合選喝這杯雞尾酒。

→ RECIPE

白色蘭姆酒	20ml
西洋梨香甜酒	30ml
新鮮檸檬汁	10ml

→ TOOL

雪克杯、雞尾酒杯。

MAKING

1 全部材料和冰塊放入雪克杯中搖盪。

2 倒入酒杯中。

A+B+C 33

Black Magic

黑色魔法

飄散濃濃咖啡香
有如籠罩神秘的黑色魔術

這是蘭姆基酒中極受歡迎的
一道雞尾酒，香醇濃郁的深
色蘭姆酒搭配了濃厚甘美的
咖啡香甜酒，再加上萊姆糖
漿，就構成這道充滿神秘意
境的雞尾酒。

→ **RECIPE**
深色蘭姆酒⋯⋯⋯⋯⋯⋯⋯40㎖
咖啡香甜酒⋯⋯⋯⋯⋯⋯⋯20㎖
萊姆糖漿⋯⋯⋯⋯⋯⋯⋯2tsp.

→ **TOOL**
雪克杯、雞尾酒杯。

MAKING

1 全部材料和冰塊放入雪克杯中搖
  盪。

2 倒入酒杯中。

A+B+B 35

Black Passion

黑色激情

紅酒一般的深紅色調
屏息凝視就令人心曠神怡

黑醋栗香甜酒，芳郁酸甜的
風味，加上深色蘭姆酒、
Angostura苦精，調製成這道
風味獨特的雞尾酒，尤其是
Angostura苦精的香味與微
苦味，更具有畫龍點睛的功
效，喝起來更順口。

→ **RECIPE**
深色蘭姆酒⋯⋯⋯⋯⋯⋯⋯45㎖
黑醋栗香甜酒⋯⋯⋯⋯⋯⋯15㎖
Angostura苦精⋯⋯⋯⋯⋯1dash
紅櫻桃⋯⋯⋯⋯⋯⋯⋯⋯1個

→ **TOOL**
攪拌杯、吧叉匙、隔冰器、雞尾酒杯

MAKING

1 除了櫻桃之外，其餘材料和冰塊
  放入攪拌杯中拌勻。

2 蓋上隔冰器，倒入酒杯，再裝飾
  上櫻桃。

A+B+C 23.7

Illusion Dance

幻想之舞

如夢如幻般的酒色
令人目眩神怡

山竹又稱為「水果之后」，
是世界三大水果之一，風味
細緻高雅，和蘭姆酒、新鮮
檸檬汁組合成這杯風味特殊
的雞尾酒。由於調配出來的
酒色如夢似幻，故名「幻想
之舞」。

→ **RECIPE**
蘭姆酒⋯⋯⋯⋯⋯⋯⋯⋯30㎖
山竹香甜酒⋯⋯⋯⋯⋯⋯⋯15㎖
新鮮檸檬汁⋯⋯⋯⋯⋯⋯⋯15㎖

→ **TOOL**
雪克杯、雞尾酒杯。

MAKING

1 全部材料和冰塊放入雪克杯中搖
  盪。

2 倒入酒杯中。

以蘭姆酒為基酒

Brown

布朗

強勁的風味散逸整個口腔
充滿成熟韻味的雞尾酒

「Brown」的原意為「褐
色」，因酒色呈褐色，故名
之。辛辣的澀味琴酒和澀味
苦艾酒非常適合和蘭姆酒搭
配，調配出這道風味強勁又
獨特的雞尾酒。感性又成熟
的人最適合飲用一杯。

RECIPE

白色蘭姆酒	20㎖
澀味琴酒	20㎖
澀味苦艾酒	20㎖

TOOL

攪拌杯、吧叉匙、隔冰器、雞尾酒
杯

MAKING

1 全部材料和冰塊放入攪拌杯中拌
勻。

2 蓋上隔冰器，倒入酒杯中。

Bee's Kiss

蜜蜂之吻

由蜂蜜和奶油調配成
甘純香甜的雞尾酒

一如「蜜蜂之吻」的酒名，
這杯雞尾酒是用蜂蜜調配而
成。白色蘭姆酒加上香甜的
蜂蜜和濃純的奶油，構成獨
特的白色酒色與濃厚滑順的
口感，整杯酒看似一朵美麗
的白色玫瑰。

RECIPE

白色蘭姆酒	40㎖
蜂蜜	10㎖
奶油	10㎖

TOOL

雪克杯、雞尾酒杯。

MAKING

1 全部材料和冰塊放入雪克杯中搖
盪。

2 倒入酒杯中。

Aloha

阿囉哈

散放豐富的香味
有如夏威夷的海潮風味

夏威夷是世界聞名的渡假聖
地，「阿囉哈」是當地的問
候語。這道雞尾酒是由白色
蘭姆酒加上君度橙酒、香甜
的Angostura苦精調配而成，
輕啜一口，宛如可以聽到夏
威夷的海風。

RECIPE

白色蘭姆酒	45㎖
君度橙酒	15㎖
Angostura苦精	1dash
檸檬皮	適量

TOOL

雪克杯、雞尾酒杯。

MAKING

1 除了檸檬皮之外，全部材料和冰
塊放入雪克杯中搖盪。

2 倒入酒杯中，再放入檸檬片。

Bacardiano

巴卡地阿諾

以淡淡的粉紅色為基礎色調
香醇獨特的口味是最大特色

這是日本的若松誠志於1973年，在HBA雞尾
酒大賽中獲得優勝的作品。使用風味特殊的
Bacardi蘭姆酒做為基酒，加上Galliano香草
酒以及可以增加清爽口感的檸檬汁，使整體
的口感高雅細緻又柔和。

→ RECIPE
Bacardi白色蘭姆酒⋯ 40㎖
Galliano香草酒 ⋯⋯⋯ 1tsp.
紅石榴糖漿⋯⋯⋯⋯ 1/2 tsp.
檸檬汁 ⋯⋯⋯⋯⋯⋯ 15㎖
糖漬櫻桃 ⋯⋯⋯⋯⋯ 1個

→ TOOL
雪克杯、刺針、雞尾酒杯

MAKING
1 除了櫻桃之外，其餘材料和冰塊放入雪克杯中搖盪。
2 倒入酒杯中，刺針插入櫻桃，放入杯中。

Nevada

內華達

葡萄柚和萊姆的清爽風味
可以徹底潤喉解渴

苦澀的白色蘭姆酒搭配上微帶苦味的葡萄柚
汁、酸酸的萊姆汁，組合成這杯清爽又潤
喉的雞尾酒。有如美國內華達州的自然微風
吹過臉龐一般，令人心曠神怡，全身舒暢無
比。

→ RECIPE
白色蘭姆酒⋯⋯⋯⋯⋯ 40㎖
萊姆汁 ⋯⋯⋯⋯⋯⋯ 10㎖
葡萄柚汁 ⋯⋯⋯⋯⋯ 10㎖
砂糖 ⋯⋯⋯⋯⋯⋯⋯ 1tsp.
Angostura苦精 ⋯⋯ 1dash

→ TOOL
雪克杯、雞尾酒杯。

MAKING
1 全部材料和冰塊放入雪克杯中搖盪。
2 倒入酒杯中。

以蘭姆酒為基酒

101

Acapulco

阿卡波卡

君度橙酒的柑橘香味
最適宜休閒渡假時飲用

阿卡波卡是墨西哥南部著名的渡假聖地，這道「阿卡波卡」雞尾酒是以戴吉利（P90）的材料為基礎，再加上君度橙酒，就成為這道充滿柑橘風味的雞尾酒。

●RECIPE		●TOOL
白色蘭姆酒	40㎖	雪克杯、雞尾酒杯。
君度橙酒	5㎖	
檸檬汁	15㎖	
糖漿	1tsp.	

MAKING ─

1 全部材料和冰塊放入雪克杯中搖盪。

2 倒入酒杯中。

Cuban

古巴

宛如古巴人一般熱情洋溢
任何人都會輕易愛上這道雞尾酒

白色蘭姆酒加上杏桃白蘭地、萊姆汁，調配出充滿水果香味的雞尾酒。「Cuban」原意為古巴人，啜飲這道雞尾酒，似乎可令人感受到古巴人的熱情。

●RECIPE		●TOOL
白色蘭姆酒	35㎖	雪克杯、雞尾酒杯。
杏桃白蘭地	15㎖	
萊姆汁	10㎖	
紅石榴糖漿	2tsp.	

MAKING ─

1 全部材料和冰塊放入雪克杯中搖盪。

2 倒入酒杯中。

Tequila

以龍舌蘭酒為基酒

plus + plus

龍舌蘭酒的基礎知識

龍舌蘭酒特有的風味最適合和檸檬或萊姆等柑橘類一起搭配,所以許多雞尾酒都會運用到龍舌蘭酒。只要充分了解龍舌蘭酒的種類,即可調出以龍舌蘭為基酒的美味雞尾酒。

龍舌蘭酒的歷史

很久以前,墨西哥的阿馬契塔里地區發生火燒山事件,當時發現到燒焦的maguey(一種龍舌蘭)飄散出香甜的味道,並且流出近似巧克力的汁液,後來人們進而將其發酵釀造成酒。16世紀左右,西班牙人將此地納為殖民地,並且把蒸餾技術引進到這裡,於是進一步將maguey的汁液進行蒸餾,就成為現在大家熟知的龍舌蘭酒。當初把這種酒稱為「Mezcal」,由於Tequila村一帶所釀造的Mezcal特別香醇,漸漸的就把這種酒稱為「Tequila」,也就是我們所說的「龍舌蘭酒」。

龍舌蘭酒的種類

龍舌蘭酒通常概分為以下三大種類:一、經過蒸餾之後,沒有經過熟成過程的無色透明龍舌蘭酒,就稱為「白色龍舌蘭酒」(Blanco);二、在橡木桶存放兩個月的稱為「金色龍舌蘭酒」(Reposado);三、在橡木桶存放一年以上的則稱為「陳年龍舌蘭酒」(Añejo)。

沒有經過熟成過程的「白色龍舌蘭酒」的口感比較銳利,擁有直接的植物香氣。經過兩個月熟成過程的「金色龍舌蘭酒」的口感已經比前者緩和。在橡木桶存放一年以上的「陳年龍舌蘭酒」的味道比較厚重,有點近似白蘭地風味。因此,無色的「白色龍舌蘭酒」比較適合用來調配雞尾酒。

 龍舌蘭酒的分類

白色龍舌蘭酒(Blanco)
蒸餾之後完全未經過熟成或是僅存放1個月左右。無色透明,味道比較強烈。

> 很適合搭配檸檬與萊姆,口感強勁,可調配出略帶後勁的雞尾酒。

金色龍舌蘭酒(Reposado)
在橡木桶存放2個月左右。擁有橡木桶香味,口感比白色龍舌蘭酒緩和。

> 酒味均衡,風味特殊,口感卻很滑順易入喉。

陳年龍舌蘭酒(Añejo)
在橡木桶存放一年以上。擁有橡木桶的顏色與香味,口感比較深沉厚重。

> 可以讓雞尾酒更具有厚重的口感,很適合搭配Grand Marnier橙酒。

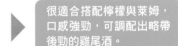

龍舌蘭酒是以白色龍舌蘭酒為主
流，無色透明，口感略強，利用
這類的龍舌蘭酒可以調配出口感
芳郁，又帶有龍舌蘭酒特有風味
的雞尾酒。

Sauza Blanco

這是墨西哥老牌的龍舌
蘭酒，主要特色是擁有
新鮮的香味與口感。

● 度數／40%
● 容量／750㎖

Orendain Blanco

擁有新釀酒特有的辛辣
味，很適合用來調配雞
尾酒。

● 度數／40%
● 容量／750㎖

Ole' 龍舌蘭酒

名稱簡單易記，口感略
帶直接的辛辣味。

● 度數／40%
● 容量／750㎖

El jimador Blanco

沒有使用任何添加物
與酵母，採自然發酵
釀造而成。

● 度數／40%
● 容量／750㎖

OLEMECA Blanco

味道清純乾淨，無雜
味，非常適合調配雞尾
酒。

● 度數／40%
● 容量／750㎖

Medium是介於Dry和Mild之
間，適合調配口感佳的雞尾酒。
口感比較滑順的白色龍舌蘭酒、
具有橡木桶色的金色龍舌蘭酒都
屬於此類。

Orendain EXTRA

老牌的龍舌蘭酒，經過2
年橡木桶的熟成過程。

● 度數／40%
● 容量／750㎖

Sauza金色龍舌蘭酒

具有沉穩厚重的龍舌蘭酒風
味。

● 度數／40%
● 容量／750㎖

CAMINO REAL
白色龍舌蘭酒

真正老牌的墨西哥龍舌蘭
酒，口感銳利。

● 度數／35%
● 容量／750㎖

HERRADURA SILVER

100%青龍舌蘭酒，採自
然發酵釀造而成。

● 度數／40%
● 容量／750㎖

經過陳放的金色龍舌蘭酒
(Reposado)和陳年龍舌蘭酒
(Añejo)的口感比白色龍舌蘭酒
還要溫和，調成雞尾酒的話，
可以調配出比較濃厚滑順的口
感。。

OLMECA Reposado

口感有點厚重，滑順香醇。

● 度數／40%
● 容量／750ml

CUERVO 1800 Añejo

具有水果香味以及如天
鵝絨般的口感，餘韻長
存。

● 度數／40%
● 容量／750ml

El jimador Reposado

擁有金色龍舌蘭酒特有
的橡木桶香味。

● 度數／40%
● 容量／750ml

HERRADURA Reposado

經過11個月的熟成過
程，口感滑順。

● 度數／40%
● 容量／750ml

CAMINO REAL
金色龍舌蘭酒

經過橡木桶的熟成過
程，滑順易入喉。

● 度數／40%
● 容量／750ml

Margarita
瑪格麗特的方程式

龍舌蘭酒的強勁風味最適合搭配檸檬汁和略帶甜味的白柑橘香甜酒，調配成著名的「瑪格麗特」。只要不改變這三種材料的比例，即可調製出味道均衡的瑪格麗特，再利用不同品牌的龍舌蘭酒來變化口味。

標準的方程式

基本比例是2：1：1，也就是龍舌蘭酒30ml、白柑橘香甜酒15ml、檸檬汁15ml。

龍舌蘭酒
（**30**ml）

plus

白柑橘香甜酒
（**15**ml）

plus

檸檬汁
（**15**ml）

標準的瑪格麗特

(參照P.110)

黃金比例

30＋15＋15

2：1：1

雞尾酒的標準比例為2：1；1，瑪格麗特也是這種比例的主要代表。由於瑪格麗特採用鹽口杯，喝起來會略帶鹹味，所以請務必遵守這項比例，而且應選用白色龍舌蘭酒，以免味道太厚重。

比標準口味更

澀 味

★採用比較Dry的龍舌蘭酒品牌。
★把白柑橘香甜酒改為Grand Marnier橙酒。

龍舌蘭酒

plus

香甜酒

plus

配料

CUERVO 1800

（ **30** mℓ ）

Grand Marnier橙酒

（ **15** mℓ ）

檸檬汁

（ **15** mℓ ）

比標準口味更

淡 味

★採取霜凍狀。

龍舌蘭酒

plus

香甜酒

plus

配料

檸檬汁

（ **15** mℓ ）

Sauza Blanco

（ **30** mℓ ）

白柑橘香甜酒

（ **15** mℓ ）

碎冰塊

（ **適量** ）

	S	D	M	M
A+B+C	27.6	27.6	15	

Margarita

瑪格麗特

極受歡迎的「瑪格麗特」雞尾酒
其實隱藏著對已逝戀人的懷念

龍舌蘭酒的風味搭配君度橙酒的香味，以及
檸檬的酸味，組成這杯味道均衡的雞尾酒。
這是J.杜勒沙為了感念已逝愛人，以她的名
字「瑪格麗特」所命名的雞尾酒。

● RECIPE
【標準】
Sauza Blanco ········· 30㎖
君度橙酒 ················· 15㎖
新鮮檸檬汁 ············· 15㎖
鹽 ·························· 適量
檸檬片 ····················· 1片

【澀味】
CUERVO 1800 ········ 30㎖
Grand Marnier橙酒 ··· 15㎖
新鮮檸檬汁 ·············· 15㎖
鹽 ·························· 適量
檸檬片 ····················· 1片

【淡味】
Sauza Blanco ········· 30㎖
白柑橘香甜酒 ··········· 15㎖
新鮮檸檬汁 ·············· 15㎖
鹽 ·························· 適量
檸檬片 ····················· 1片

● TOOL
雪克杯、雞尾酒杯(標準、
澀味)、果汁機、廣口香檳
酒杯(淡味)

MAKING

1 杯緣在檸檬片上沾取檸檬汁，再沾鹽，做成鹽口杯。

2 倒入龍舌蘭酒、君度橙酒(Dry則倒入Grand Marnier橙
   酒)、新鮮檸檬汁和冰塊。Mild則是把龍舌蘭酒、白柑
   橘香甜酒和檸檬汁倒入果汁機打碎。

3 把2倒入酒杯中。

 **20**

Frozen Margarita

霜凍瑪格麗特

霜凍狀的瑪格麗特令人百喝不厭
最適合在炎炎夏日喝上一杯

據說這是大文豪海明威愛喝的霜凍狀雞尾
酒，也就是將瑪格麗特加碎冰塊放入果汁機
打碎，故名為「霜凍瑪格麗特」。

●RECIPE	●TOOL
龍舌蘭酒 ………… 30mℓ	果汁機、吧叉匙、香檳酒
君度橙酒 ………… 15mℓ	杯
新鮮檸檬汁 ……… 15mℓ	
碎冰塊 …………… 1杯	
檸檬片 …………… 1片	
鹽 ………………… 適量	

MAKING ───────
1 杯緣在檸檬片上沾取檸檬汁，再沾鹽，做成鹽口杯。
2 龍舌蘭酒～碎冰塊等材料放入果汁機打碎。
3 利用吧叉匙把果汁機內的霜凍倒入酒杯中。

 **26**

Blue Margarita

藍色瑪格麗特

令人目眩神怡的湛藍色
洋溢神秘之海的氛圍

這道充滿清涼氛圍的藍色瑪格麗特主要是以
藍柑橘香甜酒調配而成，也可以改用綠柑橘
香甜酒或紅柑橘香甜酒調出不同的色調，可
以增加不少樂趣。

●RECIPE	●TOOL
龍舌蘭酒 ………… 30mℓ	雪克杯、雞尾酒杯
藍柑橘香甜酒 …… 15mℓ	
新鮮檸檬汁 ……… 15mℓ	
檸檬片 …………… 1片	
鹽 ………………… 適量	

MAKING ───────
1 杯緣在檸檬片上沾取檸檬汁，再沾鹽，做成鹽口杯。
2 龍舌蘭酒、藍柑橘香甜酒、新鮮檸檬汁和冰塊放入雪
克杯中搖盪。
3 倒入1的酒杯中。

 **30**

Grand Marnier Margarita

橙酒瑪格麗特

Grand Marnier橙酒的濃醇香味
金黃色的液體誘惑你的味蕾

將瑪格麗特（P110）所用的柑橘香甜酒替換
為最高等級的Grand Marnier橙酒，調配出芳
醇的香味與高雅的氛圍，令人深刻感受到時
間在身邊緩緩流動。

RECIPE		TOOL
龍舌蘭酒 ············· 30㎖		雪克杯、雞尾酒杯
Grand Marnier橙酒 ··· 15㎖		
新鮮檸檬汁·········· 15㎖		
檸檬片 ················ 1片		
鹽 ···················· 適量		

MAKING ————

1 杯緣在檸檬片上沾取檸檬汁，再沾鹽，做成鹽口杯。

2 龍舌蘭酒、Grand Marnier橙酒、新鮮檸檬汁和冰塊放
入雪克杯中搖盪。

3 倒入1的酒杯中。

13

Tequila Sunrise

日出龍舌蘭

沉入杯底的紅石榴糖漿
有如旭日東昇一般耀眼

1972年，著名的英國搖滾團體「滾石樂團」
前往龍舌蘭酒產地墨西哥時，將這道雞尾酒
命名為「日出龍舌蘭」，並因此推廣到全世
界。

RECIPE		TOOL
龍舌蘭酒 ············· 45㎖		吧叉匙、高腳杯、刺針、
柳橙汁 ················ 90㎖		攪拌棒
紅石榴糖漿············ 2tsp.		
半月型柳橙片 ········· 1片		
糖漬櫻桃·············· 1個		

MAKING ————

1 龍舌蘭酒、柳橙汁和冰塊放入高腳杯中拌勻。

2 緩緩倒入紅石榴糖漿。

3 刺針插上櫻桃和柳橙片，放入酒杯中，再放入攪拌
棒。

A+C+C 16

Tequila Sunset

日落龍舌蘭

粉紅色的霜凍
有如美麗的夕陽餘暉

這是針對「日出龍舌蘭」
（P112）所調配出來的雞尾
酒，採取霜凍口味，再搭配
冰涼的檸檬片，喝起來清涼
爽快，可以徹底消除一天的
疲勞，愉快的迎接另一個忙
碌的日子。

RECIPE
龍舌蘭	30ml
檸檬汁	30ml
紅石榴糖漿	1tsp.
碎冰塊	3/4杯
檸檬片	1片

TOOL
果汁機、古典酒杯、吸管2根

MAKING
1 檸檬片以外的的材料全部放入果汁機中打碎。

2 倒入酒杯，放入檸檬片，再插上吸管。

A+C+C 13

Matador

鬥牛士

充滿拉丁熱情的雞尾酒
喝一口令人熱血奔騰

Matador是西班牙語的「鬥
牛士」。苦澀的龍舌蘭酒搭
配鳳梨汁、萊姆汁，調製成
充滿酸甜感的雞尾酒，輕啜
一口，全身熱血奔騰，有
如鬥牛場上英姿煥發的鬥牛
士。

RECIPE
龍舌蘭酒	30ml
鳳梨汁	45ml
新鮮萊姆汁	15ml

TOOL
雪克杯、古典酒杯

MAKING
1 全部材料和冰塊放入雪克杯中搖盪。

2 倒入酒杯中。

A+B+C 26

Sloe Tequila

野莓龍舌蘭

搭配黑刺李琴酒調製而成
味道單純又均衡

黑刺李琴酒(Sloe Gin)是將黑
刺李浸泡在琴酒的一種香甜
酒，酒色呈玫瑰色，酸甜又
略帶香味，搭配龍舌蘭酒、
檸檬汁而調製出單純又均衡
的口感，令人百喝不厭。

RECIPE
龍舌蘭酒	30ml
黑刺李琴酒	15ml
檸檬汁	15ml
小黃瓜條	1根

TOOL
雪克杯、古典酒杯

MAKING
1 小黃瓜以外的材料和冰塊放入雪克杯中搖盪。

2 酒杯放碎冰，再倒入2，最後裝飾小黃瓜條。

以龍舌蘭酒為基酒

 A+C+C 20

Conchita

康奇塔

充分表現出龍舌蘭的特色
擁有果汁的清爽風味

「康奇塔」是以龍舌蘭酒搭
配柑橘類的葡萄柚汁、檸檬
汁調配而成的果汁風味的雞
尾酒,喝起來的口感充滿水
果風味,但是喝完之後,酒
精立刻竄入全身,稱得上是
一杯充滿刺激感的雞尾酒。

→ RECIPE
龍舌蘭酒 ························30ml
葡萄柚汁 ·······················20ml
檸檬汁 ··························2tsp.

→ TOOL
雪克杯、雞尾酒杯

MAKING

1 全部材料和冰塊放入雪克杯中搖
   盪。

2 倒入酒杯中。

A+B+C 11

T.T.T

T.T.T

使用稍微辛辣的白柑橘香甜酒
調製出充滿成熟韻味的雞尾酒

之所以命名為「T.T.T」,
是因為三種材料都是T開
頭(白柑橘香甜酒又稱為
「Triple Sec」,取其苦澀三
倍之意),所以調配出來的
口味比較帶有苦澀味,卻和
龍舌蘭與通寧汽水組合成令
人驚豔的味道。

→ RECIPE
龍舌蘭酒 ························30ml
白柑橘香甜酒 ·················15ml
通寧汽水 ·······················適量
半月型檸檬 ·····················1個

→ TOOL
平底杯、吧叉匙

MAKING

1 平底杯放入冰塊,倒入龍舌蘭
   酒、白柑橘香甜酒,再倒滿通寧
   汽水。

2 輕輕拌勻後,杯緣裝飾半月型檸
   檬。

 A+B+C 12

El Diablo

惡魔

甘醇芳香容易入口
彷彿惡魔引誘一口接一口

這是由龍舌蘭酒、黑醋栗香
甜酒和薑汁汽水調製而成的
水果風味雞尾酒,「惡魔」
之名是因為甘醇芳香,容易
讓人一口接一口的喝,因而
陷入「惡魔」的陷阱。

→ RECIPE
龍舌蘭酒 ························30ml
黑醋栗香甜酒 ·················15ml
薑汁汽水 ·······················倒滿
半月型檸檬 ·····················1個

→ TOOL
平底杯、吧叉匙

MAKING

1 平底杯放入冰塊,倒入龍舌蘭酒、
   黑醋栗香甜酒。

2 再倒滿薑汁汽水,拌勻,放入檸
   檬片。

Whisky

以威士忌為基酒

 plus   plus

威士忌的基礎知識

威士忌是雞尾酒不可缺少的基酒,但是,威士忌的種類繁多,選擇上似乎令人感到困擾,其實只要充分了解威士忌相關的知識,就可以輕易選用合適的威士忌。

威士忌的歷史

威士忌的起源相傳是基督教的傳教士研發出蒸餾技術,後來由愛爾蘭的修道士將大麥和酵母經過蒸餾發酵而成。

這種酒後來流傳到蘇格蘭,之後更發展出乾燥大麥的釀造法,成為蘇格蘭威士忌。在美國一帶則是利用裸麥、玉米釀造出威士忌,後來美國政府施行禁酒令,加拿大開始興起釀造威士忌的風潮。

鳥井信治郎(Suntory的創始者)則是在日本推出第一瓶威士忌的人,使威士忌得以風行全日本。

威士忌的種類

威士忌分為「麥芽威士忌」和「穀物威士忌」,前者的材料只有麥芽,以單式蒸餾機蒸餾而成;後者則是採用裸麥、玉米等做為原料,利用連續式蒸餾機蒸餾而成。將這兩種威士忌混合而成的就稱為「調配威士忌」。

此外,也可以根據產地來分類。「愛爾蘭威士忌」的口味比較滑順,「蘇格蘭威士忌」有煙燻香味,「美國威士忌」的口味比較強勁,「加拿大威士忌」味道比較淡,「日本威士忌」的口感比較均衡。

 ### 務必記住的威士忌的分類

麥芽威士忌

已經發芽的大麥稱為「麥芽」,材料只有麥芽,以單式蒸餾機蒸餾而成的就稱為「麥芽威士忌」,酒味仍保留麥芽的香味,味道層次非常複雜。

穀物威士忌

原料除了麥芽之外,還有裸麥、玉米等,採用連續式蒸餾機蒸餾而成的就稱為「穀物威士忌」,酒味比前者單純且比較無異味。

調配威士忌

麥芽威士忌和數種穀物威士忌混合而成「調配威士忌」。麥芽威士忌的品質會受到氣候與不同產地而有不同的風味,「調配威士忌」的特徵則是不同品牌擁有不同的口味,有價格低廉的,也有非常昂貴的,全世界分類最多的就非「威士忌」莫屬了。

蘇格蘭威士忌

這是世界知名的威士忌，產於英國北方的蘇格蘭地區，採用泥煤薰蒸而成，故帶有煙燻味。其中又以麥芽威士忌和調配威士忌為最多。

CUTTY SARK EC

老牌的蘇格蘭威士忌，主要特徵是口感柔和。

● 度數／40%
● 容量／700㎖

約翰走路
黑牌12年

將陳放12年以上的麥芽威士忌混合而成的，酒味濃厚香醇。

● 度數／40%
● 容量／700㎖

Ballantine's FINEST
40度

屬於比較淡味、中等稠度(body)的蘇格蘭威士忌。

● 度數／40%
● 容量／700㎖

Old Parr 12年

稠度比較厚，又帶有均衡的煙燻味。

● 度數／43%
● 容量／750㎖

Glenfiddich 12年
SPECIAL RESERVE

中等稠度的口感，具有熟成的水果香味。

● 度數／40%
● 容量／700㎖

以威士忌為基酒

愛爾蘭威士忌

泛指在愛爾蘭釀造的威士忌，主要原料有麥芽、大麥、裸麥、小麥等等，經由單式蒸餾機蒸餾3次，並未經過泥煤煙燻，所以味道乾淨又滑順。

JAMESON

屬於口感滑順易入口的愛爾蘭威士忌。

- 度數／40%
- 容量／700㎖

JAMESON 12年
SPECIAL RESERVE

經過12年的陳放，口感圓潤深厚，容易入喉。

- 度數／40%
- 容量／700㎖

美國威士忌

泛指在美國釀造的威士忌。最著名的則有波本威士忌（Bourbon Whiskey）和田納西威士忌，前者是使用玉米 51%以上，置於內側烤焦的新木桶中熟成；後者是用田納西州所產的砂糖楓 (Sugar Maple)的木炭過濾後再以木桶熟成。

I.W.HARPER 金牌

口感滑順，略帶甜味，後勁溫和。

- 度數／40%
- 容量／700㎖

JIM BEAM

世界知名的波本威士忌，口味清淡易入喉。

- 度數／40%
- 容量／700㎖

JACK DANIEL'S

經過特殊的過濾過程與木桶熟成，口味滑順。

- 度數／40%
- 容量／700㎖

POUR ROSES

屬於波本威士忌，具有花果香味、口味滑順。

- 度數／40%
- 容量／350㎖、500㎖、700㎖

Canadian Whisky

加拿大威士忌

加拿大隸屬於英國殖民地的時代，威士忌的釀造方法流傳到加拿大。主要以「調配威士忌」居多，成為世界威士忌的主流，口感比較清淡溫和。

CRAWN ROYAL

口感清淡溫和，香味均衡沒有特殊異味。

● 度數／40%
● 容量／750㎖

CANADIAN CLUB

均衡圓熟的口感，具有令人驚艷的果香。

● 度數／40%
● 容量／750㎖

Japanese Whisky

日本威士忌

日本威士忌以「麥芽威士忌」和「調配威士忌」為主流，煙燻風味比加拿大威士忌輕淡，卻是更香郁，口感溫和又均衡。

NIKKA 單一麥芽威士忌 余市10年

單一麥芽威士忌，具有令人驚艷的水果香味。

● 度數／45%
● 容量／700㎖

SUNTORY單一麥芽威士忌 山崎12年

迷人的香味與厚重的口感，喝一口餘韻長存。

● 度數／43%
● 容量／700㎖

Manhattan

曼哈頓的方程式

如果說馬丁尼是雞尾酒之王的話，曼哈頓就是雞尾酒之后。曼哈頓的材料很簡單，只是威士忌和苦艾酒的組合，很難調配出美味的口感。不過，只要記住威士忌和苦艾酒的比例，即可輕鬆調出美味的曼哈頓。

標準的方程式

威士忌和甜味苦艾酒的基本比例是3：1。

plus

甜味苦艾酒
（**15**ml）

plus

Angostura 苦精
（**1**dash）

威士忌
（**45**ml）

標準的曼哈頓
（參照P.122）

黃金比例

45+15

3 ： 1

採用溫潤滑順的威士忌做為基酒，再利用苦艾酒來增添藥草香味，如果苦艾酒的份量過多，將會搶走威士忌的風味，因此，苦艾酒的份量應是威士忌的三分之一。調製標準的曼哈頓時，更應掌握住溫潤滑順的口感。

比標準口味更

澀 味

★選用澀味的苦艾酒品牌。
★比例改為9：4。

威士忌

Canadian Club
（**45**ml）

plus

苦艾酒

NOLLY PRAT
澀味苦艾酒
（**2**tsp.）

甜味苦艾酒
（**2**tsp.）

Angostura 苦精
（**1**dash）

以威士忌為基酒

比標準口味更

淡 味

★添加檸檬片、柳橙片

威士忌

Canadian Club
（**45**ml）

plus

苦艾酒

甜味苦艾酒
（**15** ml）

Angostura 苦精
（**1**dash）

plus

配料

柳橙片、
檸檬片
（**1**片）

		S	D	M		
A + B + B		32	32.3	30.6		

Manhattan

曼哈頓

高雅的酒色與豐富的香味
果然沒有辜負「雞尾酒之后」的美名

據傳英國首相邱吉爾的母親在紐約曼哈頓的
某夜總會舉辦宴會時，提議調配這道雞尾
酒，故命名為「曼哈頓」。

● RECIPE

【標準】
Canadian Club ……… 45㎖
Martini Rosso苦艾酒 15㎖
Angostura苦精 …… 1dash
糖漬櫻桃 ………………… 1個

【澀味】
Canadian Club ……… 45㎖
NOLLY PRAT
澀味苦艾酒 …………… 2tsp.
Martini Rosso
苦艾酒 ………………… 2tsp.
Angostura苦精 …… 1dash
糖漬櫻桃 ………………… 1個

【淡味】
Canadian Club ……… 45㎖
Martini Rosso苦艾酒 15㎖
Angostura苦精 …… 1dash
柳橙片 …………………… 1片
檸檬片 …………………… 1片
糖漬櫻桃 ………………… 1個

● TOOL
攪拌杯、吧叉匙、隔冰
器、雞尾酒杯、刺針

MAKING

1 把威士忌、苦艾酒、苦精和冰塊放入攪拌杯拌勻。淡
　味的話，則是同時放入柳橙片和檸檬片拌勻。

2 蓋上隔冰器，倒入雞尾酒杯。刺針插上櫻桃放入杯
　中。

A+B 42 / ☕

Rusty Nail

鏽釘子

蘇格蘭老牌威士忌和
蜂蜜香甜酒調製成的雞尾酒

「Drambuie」是蘇格蘭著名的蜂蜜香甜酒，
以40種老牌蘇格蘭威士忌加上蜂蜜、香草浸
泡而成，非常適合和蘇格蘭威士忌調配成雞
尾酒，口感厚重甘甜又滑潤。

◆RECIPE	◆TOOL
蘇格蘭威士忌 ……… 40㎖	古典酒杯、吧叉匙
Drambuie蜂蜜香甜酒	
…………………… 20㎖	

MAKING ——————
1　冰塊放入酒杯中，倒入威士忌和蜂蜜香甜酒，用吧叉匙輕輕拌勻。

A+B 30 / ☕

Misty Nail

霧釘子

這道雞尾酒具有成熟的韻味
最能展現愛爾蘭威士忌的風味

「Irish Mist」是以蜂蜜、柳橙皮、香草等原
料和愛爾蘭威士忌混合而成的蜂蜜香甜酒，
非常適合和愛爾蘭威士忌一起調配成雞尾
酒，口感甘甜滑順，極受歡迎。

◆RECIPE	◆TOOL
愛爾蘭威士忌 ……… 45㎖	吧叉匙、古典酒杯
Irish Mist蜂蜜香甜酒	
…………………… 15㎖	
冰塊 ……………… 適量	

MAKING ——————
1　冰塊放入酒杯中，倒入威士忌和蜂蜜香甜酒。
2　用吧叉匙輕輕拌勻。

 30 

漂浮威士忌

沒有添加其他材料
更能品嘗威士忌的原味

漂浮威士忌的最大特色就是在酒杯中形成兩層美麗的顏色，這是因為威士忌的酒精比水輕，只要輕輕倒入威士忌，就可以使威士忌漂浮在礦泉水之上，形成兩層不同的顏色。

● RECIPE

威士忌 ………… 45㎖
礦泉水 ………… 適量

● TOOL

平底杯、吧叉匙

MAKING ─────────────

1 冰塊放入平底杯，倒入七分滿的礦泉水。

2 放入吧叉匙，沿著吧叉匙的匙背輕輕倒入威士忌。

威士忌蘇打

利用蘇打汽水稀釋威士忌
調成容易入口的雞尾酒

這道雞尾酒的材料很簡單，可以輕易調配，所以很受歡迎，又被暱稱為「高飛球」。也可以用薑汁汽水代替蘇打汽水，不過必須注意薑汁汽水的份量不宜太多。

● RECIPE

威士忌 ………… 45㎖
蘇打汽水 ………… 適量

● TOOL

平底杯、吧叉匙

MAKING ─────────────

1 冰塊放入平底杯，倒入威士忌。

2 倒滿蘇打汽水，用吧叉匙輕輕拌勻。

Hot Whisky Toddy

熱威士忌托迪

寒冬喝一杯熱威士忌托迪
全身頓時暖和起來

所謂「托迪」(Toddy)是以蒸餾酒做為基
酒,加入蜂蜜、砂糖等甜味,再加開水或熱
開水稀釋成冷飲或熱飲,輕啜一口可以感受
到威士忌的風味、檸檬的酸味和丁香味。

→RECIPE		→TOOL
威士忌	45㎖	吧叉匙、有把手的平底杯
熱開水	適量	
方糖	1個	
檸檬片	1片	
丁香	2～3顆	

MAKING

1 把丁香插入檸檬片中。

2 威士忌、方糖放入平底杯中,倒滿熱開水,用吧叉匙
輕輕拌勻,放入1的檸檬片。

＊也可以依自己的喜好添加肉桂棒。

Hunter

獵人

甘美成熟的韻味
有如一首美妙的樂章

櫻桃白蘭地的甘醇芳香加上濃厚的威士忌香
味,組成這杯甘美成熟韻味的雞尾酒,喝一
口入喉,宛如獵人擊中獵物一般,由內心興
起一陣狂喜的心情。

→RECIPE		→TOOL
威士忌	40㎖	攪拌杯、吧叉匙、隔冰
櫻桃白蘭地	20㎖	器、雞尾酒杯

MAKING

1 攪拌杯內放入全部材料和冰塊拌勻。

2 蓋上隔冰器,倒入酒杯中。

以威士忌為基酒

Kentucky

肯塔基

「肯塔基」是專為紀念
波本威士忌的故鄉而調配的雞尾酒

波本威士忌擁有獨特的風味，加上鳳梨汁的
酸甜味道而成為這道酸甜均衡又美味的雞
尾酒。酒精度數大約30度，所以千萬不可貪
飲，否則後勁十足，可能喝醉。

●RECIPE	●TOOL
波本威士忌⋯⋯⋯⋯ 40ml	雪克杯、雞尾酒杯
鳳梨汁 ⋯⋯⋯⋯⋯⋯ 20ml	

MAKING
1 全部材料和冰塊放入雪克杯中搖盪。

2 倒入酒杯中。

Grand Papa

爺爺

有如加冰塊的威士忌
氣勢磅礴又豪氣的一杯雞尾酒

愛爾蘭威士忌擁有獨特香氣與滑順的口感，
搭配香濃的Irish Mist蜂蜜香甜酒與柳橙片，
組成這杯有如加冰塊的威士忌一般氣勢磅礴
又豪氣的雞尾酒。

●RECIPE	●TOOL
愛爾蘭威士忌 ⋯⋯⋯ 40ml	古典酒杯、吧叉匙
Irish Mist蜂蜜香甜酒	
⋯⋯⋯⋯⋯⋯⋯⋯⋯ 20ml	
柳橙皮 ⋯⋯⋯⋯⋯⋯⋯ 1個	

MAKING
1 冰塊放入杯中，再倒入威士忌、蜂蜜香甜酒，拌勻。

2 擠入柳橙皮的汁液。

A+B+B 34

Dry Manhattan

澀味曼哈頓

辛辣清冽的口感
充滿男子氣概的雞尾酒

將「曼哈頓」的甜味苦艾酒改為澀味苦艾酒，再將櫻桃改成橄欖，就成為這道「澀味曼哈頓」。酒色呈金黃色，充分表現男子氣概的辛辣口味。口感清冽，適合做為餐前酒。

→ RECIPE

裸麥威士忌	45㎖
澀味苦艾酒	15㎖
Angostura苦精	1dash
橄欖	1個

→ TOOL

攪拌杯、吧叉匙、隔冰器、刺針、雞尾酒杯

MAKING

1 橄欖以外的材料和冰塊放入攪拌杯中拌勻。

2 蓋上隔冰器，倒入酒杯中。刺針插上橄欖，放入酒杯中。

A+B+B 27

Old Pal

老夥伴

酒味強烈又複雜的雞尾酒
最適合老朋友一起共飲

香醇芳郁的加拿大威士忌20㎖加上澀味苦艾酒20㎖和帶點微苦的CAMPARI香甜酒20㎖，就成為這道酒味強烈又複雜的雞尾酒。老朋友相聚時，最適合喝上一杯。

→ RECIPE

加拿大威士忌	20㎖
澀味苦艾酒	20㎖
CAMPARI香甜酒	20㎖

→ TOOL

攪拌杯、吧叉匙、隔冰器、雞尾酒杯

MAKING

1 全部材料和冰塊放入攪拌杯中拌勻。

2 蓋上隔冰器，倒入酒杯中。

A+B+C 27

High Hat

高帽子

味道清純穩重
有如戴高帽的英國紳士

波本威士忌的特有特殊風味加上甘醇的櫻桃白蘭地，再加上檸檬汁的酸味，構成這道美味的雞尾酒。「高帽子」意謂英國紳士，不過，美麗的酒色卻充滿女性風格。

→ RECIPE

波本威士忌	35㎖
櫻桃白蘭地	10㎖
檸檬汁	15㎖

→ TOOL

雪克杯、雞尾酒杯

MAKING

1 全部材料和冰塊放入雪克杯中搖盪。

2 倒入酒杯中。

Scotch Kilt

蘇格蘭裙

**芳醇的蘇格蘭威士忌
和蜂蜜香甜酒是最佳夥伴**

蘇格蘭裙是蘇格蘭的傳統服裝,由於這道雞尾酒使用到蘇格蘭威士忌,故將其暱稱為「蘇格蘭裙」。香純的蘇格蘭威士忌和蜂蜜香甜酒,組成這杯味道獨特的雞尾酒。

RECIPE
蘇格蘭威士忌	45ml
蜂蜜香甜酒	15ml
柑橘苦精	1dash

TOOL
攪拌杯、吧叉匙、隔冰器、雞尾酒杯

MAKING
1 全部材料和冰塊放入攪拌杯中拌勻。
2 蓋上隔冰器,倒入酒杯中。

Benedict

班尼迪克

**材料組合很簡單
卻具有複雜又豐富的風味**

香醇濃郁的蘇格蘭威士忌30ml、Benedictine香甜酒30ml和薑汁汽水,組合成這杯可口又容易入喉的雞尾酒。宛如加冰塊的威士忌一般,很適合坐在酒吧櫃台獨酌。

RECIPE
蘇格蘭威士忌	30ml
Benedictine香甜酒	30ml
薑汁汽水	倒滿
冰塊	適量

TOOL
古典酒杯、吧叉匙

MAKING
1 冰塊放入酒杯中,倒入威士忌、香甜酒。
2 接著倒入薑汁汽水,輕輕拌勻。

Rock & Rye

加糖裸麥威士忌

**酒味略帶苦澀
加冰塊更容易入喉**

愛喝裸麥威士忌的人就是愛它特有的苦澀味,加上檸檬汁的酸味和糖漿的甜味,使得裸麥威士忌喝起來更加爽口容易入喉。想要獨飲一杯時,不妨選擇這道雞尾酒。

RECIPE
裸麥威士忌	40ml
檸檬汁	10ml
糖漿	10ml

TOOL
吧叉匙、古典酒杯

MAKING
1 冰塊放入酒杯,倒入全部材料,用吧叉匙輕輕拌勻。

A+B+B 36

Rob Roy

羅伯羅依

香醇濃郁口齒流香的雞尾酒
名調酒師哈利克勞德克的作品

「羅伯羅依」（Rob Roy）是蘇格蘭的義賊
之名。本道雞尾酒是採用香醇的蘇格蘭威士
忌，加上甜味苦艾酒和Angostura苦精調配而
成，味道芳郁濃醇，令人百喝不厭。

◆RECIPE

蘇格蘭威士忌 ……	45mℓ
甜味苦艾酒…………	15mℓ
Angostura苦精 ……	1dash
糖漬櫻桃………………	1個

◆TOOL

攪拌杯、吧叉匙、隔冰
器、刺針、雞尾酒杯

MAKING

1 蘇格蘭威士忌、甜味苦艾酒、苦精和冰塊放入攪拌杯
　中拌勻。

2 蓋上隔冰器，倒入酒杯中。

3 刺針插上櫻桃，放入2的酒杯中。

A+B+B 30

Bobby Burns

鮑比邦斯

蘇格蘭威士忌愛好者的最愛
香醇芳郁、餘韻長存

「鮑比邦斯」（Bobby Burns）是蘇格蘭名
詩人的暱稱。這道雞尾酒使用了45mℓ的蘇格
蘭威士忌，酒味濃醇，再加上甜味苦艾酒和
Benedictine香甜酒，一股直衝頭頂的勁味令
人全身酥麻。

◆RECIPE

蘇格蘭威士忌 ……	45mℓ
甜味苦艾酒…………	15mℓ
Benedictine香甜酒 …	1tsp.
檸檬皮 …………………	1個

◆TOOL

攪拌杯、吧叉匙、隔冰
器、雞尾酒杯

MAKING

1 蘇格蘭威士忌、甜味苦艾酒、Benedictine香甜酒和冰
　塊放入攪拌杯中拌勻。

2 蓋上隔冰器，倒入酒杯中。

以威士忌為基酒

H.B.C.Cocktail

H.B.C雞尾酒

三種口味濃郁的材料搭配成
這道充滿異國風味的雞尾酒

20ml的蘇格蘭威士忌，加上
20ml香醇的黑醋栗香甜酒和
20ml的Benedictine DOM，三
種濃郁的材料組合成這杯酒
味層次豐富的雞尾酒，充滿
異國風情，美麗的酒色尤其
受到女性的喜愛。

RECIPE
蘇格蘭威士忌	20ml
黑醋栗香甜酒	20ml
Benedictine DOM	20ml

TOOL
雪克杯、雞尾酒杯

MAKING

1 全部材料和冰塊放入雪克杯中搖盪。

2 倒入酒杯中。

New York

紐約

令人嚮往與憧憬的紐約
手拿酒杯享受獨處時光

利用美國最具代表的波本威
士忌，調配這一道最具美國
特色的大都市——紐約。波
本威士忌的強勁味道加上檸
檬汁的酸味和紅石榴糖漿的
甜味，組成這道性感十足的
雞尾酒。

RECIPE
波本威士忌	45ml
檸檬汁	15ml
紅石榴糖漿	10ml
柳橙皮	1片

TOOL
雪克杯、雞尾酒杯

MAKING

1 除了柳橙皮之外，全部材料和冰塊放入雪克杯中搖盪。

2 倒入酒杯中，擠入柳橙皮汁。

Irish Rose

愛爾蘭玫瑰

橘色的酒色美麗誘人
有如愛爾蘭玫瑰一般

香郁的愛爾蘭威士忌45ml，
加上檸檬汁的酸味和紅石榴
糖漿的甜味，組合成這杯酒
色誘人、酒味迷人的雞尾
酒。橘色的酒色有如愛爾蘭
玫瑰一般嬌豔動人。

RECIPE
愛爾蘭威士忌	45ml
檸檬汁	15ml
紅石榴糖漿	1tsp.

TOOL
雪克杯、雞尾酒杯

MAKING

1 全部材料和冰塊放入雪克杯中搖盪。

2 倒入酒杯中。

Rakuyou

洛陽

深褐色的酒色
充分醞釀出洛陽的氛圍

利用完全熟成的Suntroy山崎10年威士忌，加上微甜的Harveys Bristol Cream和充滿異國風味的CAMPARI香甜酒，調配出這杯洋溢洛陽氛圍的雞尾酒。

RECIPE	TOOL
Suntroy山崎10年⋯⋯ 30㎖	攪拌杯、吧叉匙、隔冰
Harveys Bristol Cream	器、雞尾酒杯
⋯⋯⋯⋯⋯⋯⋯⋯ 20㎖	
CAMPARI香甜酒 20㎖	
柳橙皮 ⋯⋯⋯⋯⋯⋯ 1片	

MAKING

1 柳橙皮以外的材料和冰塊放入攪拌杯中拌勻。

2 蓋上隔冰器，倒入酒杯，再放入切成花型的柳橙皮。

Old-Fashioned

老式情懷

專為賽馬迷所調配而成的
華麗典雅的雞尾酒

一邊用攪拌棒攪拌這杯由威士忌、水果和汽水調配而成的雞尾酒，一邊觀看「肯塔基騎馬大賽」，慢慢回味香醇的酒味。這是調酒師為慶祝肯塔基騎馬大賽開幕而特別調製的雞尾酒。

RECIPE	TOOL
威士忌 ⋯⋯⋯⋯⋯⋯ 45㎖	古典酒杯、刺針
Angostura苦精 ⋯⋯ 2dash	
方糖 ⋯⋯⋯⋯⋯⋯⋯ 1個	
柳橙片 ⋯⋯⋯⋯⋯⋯ 1片	
糖漬櫻桃 ⋯⋯⋯⋯⋯ 1個	
檸檬片 ⋯⋯⋯⋯⋯⋯ 1片	
蘇打汽水 ⋯⋯⋯⋯⋯ 少許	

MAKING

1 方糖放入杯中，Angostura苦精倒在方糖上，再倒入少許蘇打汽水。

2 把冰塊和威士忌放入1的酒杯中。

3 刺針插上櫻桃、柳橙片放入杯中，最後再放入檸檬片。

以威士忌為基酒

Miami Beach

邁阿密海灘

清爽可口的雞尾酒
令人連想到邁阿密海灘

威士忌的香醇風味，加上澀味苦艾酒的特有味道，再加上葡萄柚汁的酸味，組合成這杯清爽可口的雞尾酒，充分表現出邁阿密海灘的歡樂氣氛，不論是晴朗的白天或酷熱的夜晚都適合喝上一杯。

RECIPE
威士忌 ································ 35mℓ
澀味苦艾酒 ···················· 10mℓ
葡萄柚汁 ························· 15mℓ

TOOL
雪克杯、雞尾酒杯

MAKING

1 全部材料和冰塊放入雪克杯中搖盪。

2 倒入酒杯中。

Whisper

竊竊私語

香醇濃郁的微甜風味
宛如有人在耳邊竊竊私語

蘇格蘭威士忌20mℓ、澀味苦艾酒20mℓ、甜味苦艾酒20mℓ，三種酒類組合成這杯口味特殊的雞尾酒。酒名「Whisper」的意思為竊竊私語，宛如有人在耳邊低聲呢喃一般令人心醉神馳。

RECIPE
蘇格蘭威士忌 ·················· 20mℓ
澀味苦艾酒 ····················· 20mℓ
甜味苦艾酒 ····················· 20mℓ

TOOL
雪克杯、雞尾酒杯

MAKING

1 全部材料和冰塊放入雪克杯中搖盪。

2 倒入酒杯中。

Wembley

溫布萊

三種材料成為最佳組合
有如譜出一曲動人的三重奏

風味獨特的蘇格蘭威士忌，加上同樣份量的澀味苦艾酒和酸甜的鳳梨汁，組合成這杯酒色迷人、香味誘人的濃厚果汁風味雞尾酒。酒精濃度只有20度，很適合女性飲用。

RECIPE
蘇格蘭威士忌 ·················· 20mℓ
澀味苦艾酒 ····················· 20mℓ
鳳梨汁 ··························· 20mℓ

TOOL
雪克杯、雞尾酒杯

MAKING

1 全部材料和冰塊放入雪克杯中搖盪。

2 倒入酒杯中。

A+C+C 22

Whisky Sour

威士忌沙瓦

味道清爽口感一流
略帶一點酸味的雞尾酒

波本威士忌的酒味稍微強勁，加上檸檬汁的酸味、糖漿的甜味，組合成這道美味好喝的雞尾酒。「沙瓦」（Sour）的原意是「酸」，由此可知這道雞尾酒略帶酸酸的味道。

→ RECIPE
波本威士忌 ····················45㎖
檸檬汁 ·····························30㎖
糖漿 ·······························10㎖
檸檬片 ······························1片
糖漬櫻桃 ····························1個

→ TOOL
雪克杯、廣口香檳酒杯

MAKING

1 威士忌、檸檬汁、糖漿和冰塊放入雪克杯搖盪。

2 倒入酒杯中，放入櫻桃和檸檬片。

A+C+C 15

Mamie Taylor

媽咪泰勒

酒色看似清爽怡人
卻是很有深度的雞尾酒

「梅蜜」（Mamie）是美國人對女性的暱稱，台灣一般直譯為「媽咪泰勒」。這道雞尾酒利用香醇的蘇格蘭威士忌，加上萊姆汁和薑汁汽水，調配出清爽又好喝的雞尾酒。

→ RECIPE
蘇格蘭威士忌 ··················40㎖
新鮮萊姆汁 ······················15㎖
薑汁汽水 ··························適量

→ TOOL
可林酒杯、吧叉匙

MAKING

1 冰塊放入酒杯，倒入威士忌、萊姆汁。

2 再倒滿薑汁汽水，輕輕拌勻。

A+C+C 10

Irish Coffee

愛爾蘭咖啡

口味有如熱咖啡一般
輕啜一口令人心曠神怡

一如「愛爾蘭咖啡」之名，這道雞尾酒是採用香醇的愛爾蘭威士忌，加上熱咖啡、方糖和細密的奶泡，降低了威士忌的酒味，同時又增添咖啡與方糖的香甜，最適合在餐後或難以入睡的夜晚喝上一杯。

→ RECIPE
愛爾蘭威士忌 ··················30㎖
方糖 ·································1個
熱咖啡 ······························適量
奶泡 ·································適量

→ TOOL
吧叉匙、愛爾蘭咖啡杯

MAKING

1 方糖放入杯中，倒入威士忌和熱咖啡。

2 輕輕拌勻後，倒入奶泡做為裝飾。

以威士忌為基酒

133

Cheer Girl

啦啦隊女孩

粉紅色的酒色和紅色櫻桃
有如活潑可愛的啦啦隊女孩

這是日本第8屆HBA雞尾酒大賽的獲獎者中島輝幸的作品。以查特酒（Chartreuse）降低波本威士忌的強勁風味，再加上蛋白增加口感，輕啜一口彷彿可以感受到啦啦隊女孩的活潑好動的氣氛。

●RECIPE	●TOOL
波本威士忌………… 40㎖	雪克杯、雞尾酒杯
查特酒（Chartreuse）	
………………………… 20㎖	
檸檬汁 …………… 10㎖	
紅石榴糖漿………… 1tsp.	
蛋白 ……………… 1/3個	
糖漬櫻桃 ……………… 1個	

MAKING

1 櫻桃以外的材料和冰塊放入雪克杯中搖盪。

2 倒入酒杯中，櫻桃切一刀，插入杯緣做為裝飾。

Canadian Fall

加拿大之秋

楓葉形的柳橙皮和深紅的酒色
令人連想到美麗的加拿大秋天

加拿大威士忌加上蔓越莓香甜酒、水蜜桃香甜酒，調配出這道充滿加拿大風情的雞尾酒。尤其是杯緣的楓葉形柳橙皮和深紅的酒色，都足以令人連想到美麗的加拿大秋天景致。

●RECIPE	●TOOL
加拿大威士忌 …… 30㎖	攪拌杯、吧叉匙、隔冰
蔓越莓香甜酒 …… 15㎖	器、雞尾酒杯
水蜜桃香甜酒 …… 15㎖	
檸檬汁 …………… 1tsp.	
柳橙片 ……………… 1片	

MAKING

1 柳橙皮以外的材料和冰塊放入攪拌杯中拌勻。

2 蓋上隔冰器，倒入酒杯中。

3 柳橙皮切成楓葉形狀，裝飾在杯緣。

Brandy

以白蘭地為基酒

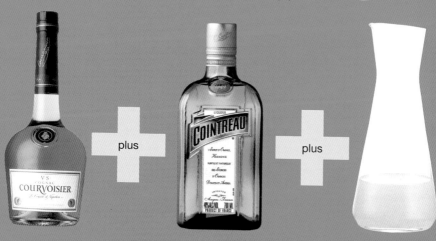

白蘭地的基礎知識

世界各地都有生產白蘭酒,種類繁多。根據釀造法、出產國度和所用的原料,可以將白蘭地分為許多種類。因此,首先必須徹底了解白蘭地的種類,才有助於調配雞尾酒。

白蘭地的歷史

　　白蘭地的歷史至今仍無定論,不過,一般的說法是在12世紀左右,歐洲鍊金師在偶然之間將葡萄蒸餾成酒。

　　根據最早的文獻記載,相傳在13～14世紀左右,一位名叫亞諾畢諾夫的鍊金師將蒸餾出的葡萄酒命名為「生命之水」,並且宣稱有長壽不老的效果,在口耳相傳之下立刻受到人們的歡迎。

　　到了17世紀左右,荷蘭商人把白蘭地的釀造技術引進到法國的干邑(Cognac)地區,而成為著名的「干邑白蘭地」。

白蘭地的種類

　　一般所說的白蘭地是以白葡萄酒蒸餾而成,不過另有採用各種水果蒸餾而成,所以,以白葡萄酒蒸餾而成的稱為「葡萄白蘭地」,葡萄以外的原料蒸餾而成的則稱為「水果白蘭地」。

　　再者,在葡萄白蘭地當中,又分成以法國西南部干邑地區釀造的「干邑白蘭地」,以及在雅馬邑地區釀造的「雅馬邑白蘭地」,兩者稱為法國白蘭地雙姝。法國這兩地以外地區生產的,一律稱為「法國白蘭地」,另外還有義大利的「Grappa」以及不同國家生產的白蘭地。

 ## 白蘭地的主要分類

葡萄白蘭地
利用白葡萄酒或葡萄製造的白蘭地

法國

干邑	法國西南部干邑地區所生產的白蘭地。
雅馬邑	法國南部的雅馬邑地區所生產的白蘭地。
殘渣白蘭地	以製作葡萄酒所剩之殘渣為原料,經過蒸餾及儲存等過程製成的白蘭地。

義大利白蘭地

Grappa	製作方法同於殘渣白蘭地,但是沒有經過陳放階段。

水果白蘭地
葡萄以外的水果製造而成

蘋果白蘭地
以蘋果製造而成的白蘭地,最著名的是法國西部的Calvados。

櫻桃白蘭地
以櫻桃製造而成的白蘭地,是德國著名的香甜酒。

其他水果
草莓、覆盆莓、西洋梨、杏桃等各種水果。

雅馬邑白蘭地

雅馬邑地區位於法國西南部靠近庇里牛斯山附近，分為三個區域，一為上雅馬邑區（Haut-Armagnac），二為特那瑞茲區（Tenareze），三為下雅馬邑區（Bas-Armagnac），各個區域生產的白蘭地各有不同的風味。標籤上多數標有「X.O.」、

「V.S.O.P.」，這是用來代表酒齡。以下是雅馬邑白蘭地的等級分類。

Trois Etoiles ⋯	陳放時間2年以上。
V.S.O.P. ⋯⋯⋯⋯	陳放時間5年以上。
X.O. ⋯⋯⋯⋯⋯⋯	陳放時間6年以上。

Chabot V.S.O.P.

酒味輕淡具有水果香味，是標準的雅馬邑白蘭地。

● 度數／40%
● 容量／700㎖

CHATEAU LAUBADE V.S.O.P.

酒味豐富滑順的雅馬邑白蘭地，具有水果香味。

● 度數／40%
● 容量／700㎖

以白蘭地為基酒

Cognac

甘邑白蘭地

位於法國西南部的干邑地區所種植出的葡萄，釀造出芬香醇厚的白蘭地，稱為「甘邑白蘭地」，未經陳放兩年以上絕對不准上市，兩年以上的稱為「三星級」（V.S.），四年以上的則為「V.S.O.P.」，六年以上的則標示為「X.O.」、「EXTRA」、「NAPOLEON」等等。

Delamain XO Pale & Dry

完全採用大香檳葡萄釀造而成，酒味濃醇，是最高水準的干邑白蘭地。

● 度數／40%
● 容量／700㎖

COURVOISIER V.S.

使用嚴選葡萄釀造而成，酒味滑順略帶甜味。

● 度數／40%
● 容量／700㎖

COURVOISIER V.S.O.P. Rouge

屬於比較淡味的干邑白蘭地，帶有圓潤的水果香味。

● 度數／40%
● 容量／700㎖

REMY MARTIN V.S.O.P.

由橡木桶、香草、榛果等複雜的香味交織成圓潤洗練的口感。

● 度數／40%
● 容量／700㎖

MARTELL V.S.

香醇優雅的酒味，充分表現出干邑白蘭地的特色。

● 度數／40%
● 容量／700㎖

Jean Fillioux NAPOLEON

由大香檳葡萄釀造而成
且經過十年以上陳放過
程的干邑白蘭地，酒味
濃醇芳郁。

● 度數／40%
● 容量／700㎖

FRAPIN 頂級大香檳干邑V.S.O.P.

採用自家栽重的優質葡萄
釀造而成的頂級干邑，味
道濃醇滑順。

● 度數／40%
● 容量／700㎖

日本的白蘭地

日本的白蘭地並非只用日本產的
葡萄來製造，而是混合了進口的
甘邑白蘭地或其他白蘭地原酒，
主要特徵是酒味香醇濃厚並具有
均衡的風味。

NIKKA Dompierre V.S.O.P.

嚴選甘邑白蘭地原酒所製造而
成的日本白蘭地。

● 度數／40%
● 容量／660㎖

SUNTORY 白蘭地V.O.

具有水果香味，喉韻清爽。

● 度數／37%
● 容量／640㎖

KIRIN白蘭地

日本白蘭地當中，本品的酒
味屬於標準等級，容易入
口。

● 度數／37%
● 容量／640㎖、2700㎖

Sidecar

側車的方程式

側車是「基酒＋另一種酒類＋果汁類」的代表性雞尾酒。白蘭地搭配白柑橘香甜酒的甜味、以及檸檬的酸味，可以達到均衡的口感。不過，如果檸檬過多反而會太酸或太苦，必須特別注意材料的份量。

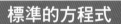
標準的方程式

白蘭地、白柑橘香甜酒、檸檬汁的基本比例為2：1：1。

白蘭地
（**30**㎖）

plus

白柑橘香甜酒
（**15**㎖）

plus

檸檬汁
（**15**㎖）

標準的側車
（參照P.142）

黃金比例

30＋15＋15
1：1：1

3種材料調配而成的雞尾酒通常是最受歡迎的，而「側車」就是其中一種。調配側車時務必避免酸味太強烈，否則就容易產生苦味，造成整杯雞尾酒缺乏均衡的口感。此外，選擇口感比較清爽的白蘭地來調配的話，比較不容易失敗。

比標準口味更

涩 味　　★比例改為4：1：1。

白蘭地

plus

香甜酒

plus

配 料

COURVOISIER Rouge
（**40**mℓ）

君度橙酒
（**10**mℓ）

檸檬汁
（**10**mℓ）

以白蘭地為基酒

比標準口味更

淡 味　　★添加柳橙片

白蘭地

plus

香甜酒

plus

配 料

檸檬汁
（**15**mℓ）

COURVOISIER Rouge
（**30**mℓ）

君度橙酒
（**15**mℓ）

柳橙片
（**1**片）

A+B+C	S	D	M	
	27.6	30.7	26.4	

Sidecar

側車

君度橙酒和檸檬汁非常對味
最受歡迎的白蘭地基酒的雞尾酒

「側車」據說是法國巴黎的哈里斯酒吧的
老闆所調配出來的作品，選用具有花香的
COURVOISIER VSOP做為基酒來調配的
話，最能調出好喝又美味的側車。

●RECIPE

【標準】
COURVOISIER VSOP
.... 30ml
君度橙酒 15ml
檸檬汁 15ml

【澀味】
COURVOISIER VSOP
.... 40ml
君度橙酒 10ml

檸檬汁 10ml

【淡味】
COURVOISIER VSOP
.... 30ml
君度橙酒 15ml
檸檬汁 15ml
柳橙片 1片

●TOOL
雪克杯、雞尾酒杯

MAKING

1 全部材料和冰塊放入雪克杯搖盪。

2 倒入雞尾酒杯中。

馬頸

據傳美國羅斯福總統最愛喝的
就是這道「馬頸」

削成長條狀的檸檬皮露出杯外的形狀宛如馬
脖子，故將這道雞尾酒命名為「馬頸」。香
醇的白蘭地加上薑汁汽水的甜度與汽泡，使
這杯雞尾酒香甜好喝。

●RECIPE	●TOOL
白蘭地 …………… 30ml	10盎斯平底杯
薑汁汽水 …………… 20ml	
檸檬 ………………… 1個	

MAKING ────

1 檸檬皮切成螺旋狀，垂放入平底杯中。

2 放入冰塊，倒入白蘭地，再倒入八分滿的冰涼薑汁汽
水。

譏諷者

之所以命名為「譏諷者」
是因為口感銳利

白蘭地所具有的豐富口味，加上白薄荷香
甜酒的清涼感，調配出這杯口感銳利的雞
尾酒，紐約餐廳的調酒師將此雞尾酒命名
為「Stinger」，意思是「譏諷者」或「諷刺
者」。

●RECIPE	●TOOL
白蘭地 …………… 45ml	雪克杯、雞尾酒杯
白薄荷香甜酒 ……… 15ml	

MAKING ────

1 全部材料和冰塊放入雪克杯搖盪。

2 倒入雞尾酒杯中。

＊白薄荷香甜酒改為綠薄荷香甜酒的就成為「惡魔」
（P.144）；把基酒的白蘭地改為琴酒的話，就成為「White
Way」；改用伏特加代替白蘭地的話，就成為「白蜘蛛」
（P.69）。

以白蘭地為基酒

Devil

惡魔

口感清爽美味，但是，
酒精濃度卻很高

濃醇芳郁的白蘭地加上清爽
的綠薄荷香甜酒，就可以輕
易調配出這杯雞尾酒。喝起
來清爽可口又美味，但是酒
精濃度高達35度，酒色又呈
現詭異的苦綠色，故被命名
為「惡魔」。

● RECIPE
白蘭地 ·························· 45㎖
綠薄荷香甜酒 ·············· 15㎖

● TOOL
雪克杯、雞尾酒杯

MAKING
1 全部材料和冰塊放入雪克杯搖
  盪。
2 倒入雞尾酒杯中。

Olympic

奧林匹克

四年一度的體育盛會
充滿希望與躍動感的雞尾酒

為了紀念1924年在巴黎舉辦
奧林匹克運動大會而調配出
這道雞尾酒。利用黃柑橘香
甜酒、柳橙汁和白蘭地，組
合成這道充滿年輕躍動感的
雞尾酒。原創者是巴黎Ritz
酒店的F.維爾邁亞。

● RECIPE
白蘭地 ·························· 20㎖
黃柑橘香甜酒 ·············· 20㎖
柳橙汁 ·························· 20㎖

● TOOL
雪克杯、雞尾酒杯

MAKING
1 全部材料和冰塊放入雪克杯搖
  盪。
2 倒入雞尾酒杯中。

Carrol

卡蘿

酒色看似苦澀
喝起來卻很爽口的雞尾酒

風味獨特的白蘭地加上略帶
微苦的甜味苦艾酒，調配出
這道酒色看似苦澀，喝起來
卻清爽美味的雞尾酒。尤其
是杯底晃動的小洋蔥顯得飄
逸美麗。輕啜一口，餘韻充
滿整個口腔。

● RECIPE
白蘭地 ·························· 40㎖
甜味苦艾酒·················· 20㎖
小洋蔥 ·························· 1個

● TOOL
攪拌杯、吧叉匙、隔冰器、雞尾酒
杯、刺針

MAKING
1 小洋蔥以外的材料和冰塊放入攪
  拌杯中拌勻。
2 蓋上隔冰器，倒入酒杯。刺針插
  上小洋蔥，放入杯中做為裝飾。

 **36**

French Connection

霹靂神探

這道雞尾酒具有豐富的風味
和著名的影片同名

「霹靂神探」（The French
Connection）是著名的好萊
塢電影。採用芳香濃郁的白
蘭地做為基酒，搭配杏仁釀
造的杏仁香甜酒，成為這道
風味獨特且豐富的雞尾酒。

● RECIPE
　白蘭地 ································· 40ml
　杏仁香甜酒 ······················· 20ml

● TOOL
　古典酒杯、吧叉匙

MAKING ─────────

1 冰塊放入酒杯中，倒入白蘭地、
　杏仁香甜酒，輕輕拌勻。

 **32**

Banana Bliss

香蕉天堂

白蘭地和香蕉的風味
擴散到整個口腔

風味豐富的白蘭加上等量
香醇芳郁的黃色香蕉香甜
酒，調配成這杯酒色優雅的
雞尾酒。輕啜一口，白蘭地
和香蕉香甜酒的香味擴散到
整個口腔，令人感到滿滿的
幸福感覺。

● RECIPE
　白蘭地 ································· 30ml
　香蕉香甜酒 ······················· 30ml

● TOOL
　古典酒杯、吧叉匙

MAKING ─────────

1 將冰塊放入酒杯中，倒入全部材
　料，輕輕拌勻。

 **33**

Dirty Mother

黯淡的母親

白蘭地的香醇芳郁
加上咖啡香充滿撲鼻香味

喜愛白蘭地又愛喝咖啡的
人，絕對無法抵擋這道雞尾
酒的誘惑。白蘭地40ml加上
咖啡香甜酒20ml，就構成這
道香醇濃郁的雞尾酒，除了
白蘭地的香味之外，還夾雜
咖啡的香味與微苦。

● RECIPE
　白蘭地 ································· 40ml
　咖啡香甜酒 ······················· 20ml

● TOOL
　古典酒杯、吧叉匙

MAKING ─────────

1 冰塊放入酒杯中，倒入全部材
　料。

2 用吧叉匙輕輕拌勻。

以白蘭地為基酒

145

Moulin Rouge

紅磨坊

鳳梨與紅櫻桃的搭配
象徵紅磨坊的美麗舞孃

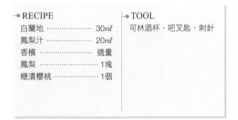

「Moulin Rouge」的法語原意為紅色風車，另一種意思是「具有100年以上歷史的夜店」。白蘭地和鳳梨汁搭配而成的這道雞尾酒非常美味，香甜好喝。

●RECIPE	●TOOL
白蘭地 ·············· 30ml	可林酒杯、吧叉匙、刺針
鳳梨汁 ·············· 20ml	
香檳 ················· 適量	
鳳梨 ················· 1塊	
糖漬櫻桃 ············ 1個	

MAKING

1 冰塊放入酒杯，倒入白蘭地、鳳梨汁輕輕拌勻。

2 倒滿香檳。

3 刺針插上鳳梨和櫻桃，放入酒杯中。

One More For The Road

上路前再乾一杯

查里布朗的名曲「On More For The Road」
成為香濃美味的雞尾酒

這是日本今村博明的作品，榮獲第8屆HBA雞尾酒大賽的亞軍。白蘭地、咖啡香甜酒和牛奶、蛋白的組合，調配出這道香滑可口的雞尾酒。

●RECIPE	●TOOL
白蘭地 ·············· 25ml	雪克杯、雞尾酒杯
咖啡香甜酒 ·········· 15ml	
牛奶 ················· 10ml	
蛋白 ················· 1/2個	

MAKING

1 全部材料和冰塊放入雪克杯搖盪。

2 倒入雞尾酒杯中。

A+B+C 21

Alexander

亞歷山大

香甜可口的雞尾酒
獻給想結婚的女性

香醇的干邑白蘭地、香甜可
口的可可香甜酒、再加上鮮
奶油，調配出這道濃厚滑順
又香醇的雞尾酒。這是英國
愛德華七世為慶祝他與丹麥
王妃結婚而特調的雞尾酒。

RECIPE
干邑白蘭地	20ml
可可香甜酒	20ml
鮮奶油	20ml
豆蔻粉	適量

TOOL
雪克杯、雞尾酒杯

MAKING

1 豆蔻粉以外的材料和冰塊放入雪
　克杯，用力搖盪。

2 倒入雞尾酒杯中，再撒上豆蔻
　粉。

A+C+C 20

Zoom Cocktail

嗡嗡嗡雞尾酒

香甜且口感佳
營養價值高的雞尾酒

白蘭地30ml加上蜂蜜15ml，
再加上甜而滑順的鮮奶油，
就調配出這道口感佳的雞尾
酒。適宜做為餐後酒，或是
在難以入睡的夜晚，不妨喝
上一杯嗡嗡嗡雞尾酒。

RECIPE
白蘭地	30ml
蜂蜜	15ml
鮮奶油	15ml

TOOL
雪克杯、雞尾酒杯

MAKING

1 全部材料和冰塊放入雪克杯，用
　力搖盪。

2 倒入雞尾酒杯中。

A+B+B 17

Night Cap

睡前酒

適合在睡前或睡不著的夜晚
飲用，故稱為「睡前酒」

白蘭地搭配柑橘香甜酒、茴
香香甜酒與蛋黃，就調成這
道香濃又富含營養的雞尾
酒。壓力過大的時候或輾轉
難以入睡時，都適合喝這道
雞尾酒。「Night Cap」就是
「睡前酒」的意思。

RECIPE
白蘭地	10ml
柑橘香甜酒	10ml
茴香香甜酒	10ml
蛋黃	1個

TOOL
雪克杯、雞尾酒杯

MAKING

1 全部材料和冰塊放入雪克杯搖
　盪。

2 倒入雞尾酒杯中。

以白蘭地為基酒

A+B+B 28

Queen Elizabeth

伊麗莎白女王

與「伊麗莎白女王」客輪
相同名稱的豪華雞尾酒

干邑白蘭地的香濃酒味，加
上高貴香味的甜味苦艾酒、
香甜的柑橘香甜酒，調配
出這道高級優雅的雞尾酒。
「伊麗莎白女王」是源自豪
華客輪之名，藉以彰顯此雞
尾酒的豪華味道。

● RECIPE

干邑白蘭地⋯⋯⋯⋯⋯⋯30㎖
甜味苦艾酒⋯⋯⋯⋯⋯⋯30㎖
黃柑橘香甜酒 ⋯⋯⋯⋯ 1dash

● TOOL

攪拌杯、隔冰器、吧叉匙、雞尾酒
杯

MAKING

1 全部材料和冰塊放入攪拌杯中拌
匀。

2 蓋上隔冰器，倒入酒杯中。

＊以琴酒為基酒的雞尾酒之中，也有
「伊麗莎白女王」的酒譜

A+B+C 30

Benedictine Cocktail

班尼狄克雞尾酒

使用Benedictine香甜酒
和白蘭地調出美味雞尾酒

「Benedictine」（班尼
狄克）是1510年法國
Benedictine修道院所開發出
來的藥草香甜酒，成為香甜
酒的主要代表，尤其很適合
和白蘭地一起調配，再加上
檸檬汁，就成為這道美味的
雞尾酒。

● RECIPE

白蘭地 ⋯⋯⋯⋯⋯⋯⋯30㎖
Benedictine香甜酒 ⋯⋯⋯15㎖
檸檬汁 ⋯⋯⋯⋯⋯⋯⋯15㎖

● TOOL

雪克杯、雞尾酒杯

MAKING

1 全部材料和冰塊放入雪克杯搖
盪。

2 倒入雞尾酒杯中。

A+B+C 22

Brandy Fix

白蘭地費克斯

白蘭地和櫻桃白蘭地
調出這杯味道和諧的雞尾酒

利用清爽香甜的櫻桃香甜
酒，使風味強勁的白蘭地的
酸味與甜味更加突出，構成
這杯味道非常和諧的雞尾
酒。加上檸檬汁、砂糖來增
加口感，更容易入口。

● RECIPE

白蘭地 ⋯⋯⋯⋯⋯⋯⋯45㎖
櫻桃白蘭地⋯⋯⋯⋯⋯ 2dash
檸檬汁 ⋯⋯⋯⋯⋯⋯⋯15㎖
砂糖⋯⋯⋯⋯⋯⋯⋯⋯2tsp.
檸檬片⋯⋯⋯⋯⋯⋯⋯ 1片

● TOOL

古典酒杯、吧叉匙

MAKING

1 冰塊放入酒杯，依照順序倒入白
蘭地~砂糖的材料，拌匀。

2 裝飾檸檬片。

白蘭地沙瓦

白蘭地的風味強勁
加上檸檬汁稀釋更易入口

利用檸檬的酸味來稀釋白蘭地的強勁酒味，
添加糖漿可以增加甜度，喝起來更滑順易
入口；也因為酒精度數不高，很適合女性飲
用。

→RECIPE	→TOOL
白蘭地 ⋯⋯⋯⋯⋯⋯ 45ml	雪克杯、雞尾酒杯
檸檬汁 ⋯⋯⋯⋯⋯⋯ 30ml	
糖漿 ⋯⋯⋯⋯⋯⋯ 10ml	
檸檬片 ⋯⋯⋯⋯⋯⋯ 1片	
糖漬櫻桃 ⋯⋯⋯⋯⋯⋯ 1個	

MAKING

1 白蘭地、檸檬汁、糖漿和冰塊放入雪克杯搖盪。

2 倒入雞尾酒杯中，放入檸檬片和櫻桃。

夢鄉

黃柑橘香甜酒的香醇風味
構成這道充滿夢幻味道的雞尾酒

將柑橘皮蒸餾之後，浸泡在木桶裝的白蘭地
中陳放，即為香甜的黃柑橘香甜酒。以香
醇的黃柑橘香甜酒增加白蘭地的甜味，再以
Pernod（保樂力加酒）來增添風味。

→RECIPE	→TOOL
白蘭地 ⋯⋯⋯⋯⋯⋯ 45ml	雪克杯、雞尾酒杯
黃柑橘香甜酒 ⋯⋯⋯ 15ml	
Pernod ⋯⋯⋯⋯⋯⋯ 1dash	

MAKING

1 全部材料和冰塊放入雪克杯搖盪。

2 倒入雞尾酒杯中。

以白蘭地為基酒

A+B+C 20

Spider Kiss

蜘蛛之吻

層次豐富的干邑白蘭地
香甜甘美的咖啡香甜酒

層次豐富的干邑白蘭地加上
香甜甘美的咖啡香甜酒，再
加入滑潤的鮮奶油，就調出
這道甘甜美味的雞尾酒。酒
精度數低，極易入口，宛如
被蜘蛛網黏住一般，瞬間就
成為蜘蛛的俘虜。

RECIPE
干邑白蘭地 ·················20ml
咖啡香甜酒 ·················20ml
鮮奶油 ·····················20ml

TOOL
雪克杯、雞尾酒杯

MAKING
1 全部材料和冰塊放入雪克杯搖盪。
2 倒入雞尾酒杯中。

A+B+C 30

Sara Togaz

薩拉托加

白蘭地、櫻桃香甜酒
和鳳梨汁形成三位一體

白蘭地的用量為40ml，所以
調配出來的雞尾酒充滿濃濃
的白蘭地風味，卻因為使用
到香醇的櫻桃香甜酒和酸酸
甜甜的鳳梨汁，使這道雞尾
酒很容易入口。

RECIPE
白蘭地 ·····················40ml
櫻桃香甜酒 ·················10ml
鳳梨汁 ·····················10ml

TOOL
雪克杯、雞尾酒杯

MAKING
1 全部材料和冰塊放入雪克杯搖盪。
2 倒入雞尾酒杯中。

A+B+B 36

Corpse Reviver

死而復生

濃郁的白蘭地風味
充滿成熟韻味的雞尾酒

蘋果白蘭地具有氣泡性和蘋
果香味，可以緩解白蘭地的
濃郁酒味，再加上甜味苦艾
酒和檸檬皮汁，使整道雞尾
酒具有層次豐富的味道。白
蘭地的份量為40ml，所以充
滿成熟的韻味。

RECIPE
白蘭地 ·····················40ml
蘋果白蘭地 ·················10ml
甜味苦艾酒 ·················10ml
檸檬皮 ·······················1片

TOOL
攪拌杯、吧叉匙、隔冰器、雞尾酒杯

MAKING
1 檸檬皮以外的材料和冰塊放入攪拌杯中，用吧叉匙拌勻。
2 蓋上隔冰器，倒入酒杯中，擠入檸檬皮的汁液。

A+B+C 12

French Emerald

法國祖母綠

風味香醇但略帶苦味
祖母綠的酒色引人暇思

苦柑橘皮蒸餾而成的藍柑橘
香甜酒的美麗色彩是其他柑
橘香甜酒所無法替代的，和
干邑白蘭地搭配形成誘人的
祖母綠顏色，再加上通寧汽
水喝起來更美味。

- ◆RECIPE
  干邑白蘭地·····························30㎖
  藍柑橘香甜酒 ······················10㎖
  通寧汽水·····························適量

- ◆TOOL
  吧叉匙、可林酒杯

MAKING
1 冰塊放入酒杯中，倒入全部的材
  料。
2 用吧叉匙輕輕拌勻。

A+B+B 32

Kiss From Heaven

天堂之吻

蜂蜜香甜酒和澀味苦艾酒
的複雜香味最適合搭配白蘭地

蜂蜜香甜酒是混合40種以上
的白蘭地、蜂蜜和數種香草
浸泡而成，再加上風味十足
的澀味苦艾酒，三種材料搭
配得渾然天成，令人百喝
不厭，是很值得一嘗的雞尾
酒。

- ◆RECIPE
  白蘭地 ································20㎖
  蜂蜜香甜酒·····························20㎖
  澀味苦艾酒·····························20㎖

- ◆TOOL
  攪拌杯、吧叉匙、隔冰器、雞尾酒杯

MAKING
1 全部材料和冰塊放入攪拌杯中，
  用吧叉匙拌勻。
2 蓋上隔冰器，倒入酒杯中。

A+B+C 34

Willie Smith

威力史密斯

櫻桃香甜酒的香醇風味
融合了白蘭地的酒香

以馬拉斯卡櫻桃浸泡而成的
櫻桃香甜酒具有圓潤滑順的
風味，搭配白蘭地成為口感
清爽的雞尾酒，加上檸檬汁
之後，藉由檸檬汁的酸味使
兩種混合的酒類喝起來更甘
甜。

- ◆RECIPE
  白蘭地 ································40㎖
  櫻桃香甜酒·····························20㎖
  檸檬汁 ································1tsp.

- ◆TOOL
  雪克杯、雞尾酒杯

MAKING
1 全部材料和冰塊放入雪克杯搖
  盪。
2 倒入雞尾酒杯中。

151

A+C+C 30

Champs-Elysees

香榭麗舍

高雅細膩的香味
令人連想到巴黎的香榭麗舍

這是以巴黎香榭麗舍大道的
意境調配而成的雞尾酒。香
醇的干邑白蘭地加上黃色查
特酒（Chartreuse）、檸檬汁
和Angostura苦精，構成這杯
風味高雅細膩的雞尾酒。

→ RECIPE
干邑白蘭地	30㎖
黃色查特酒（Chartreuse）	15㎖
檸檬汁	15㎖
Angostura苦精	1dash

→ TOOL
雪克杯、雞尾酒杯

MAKING

1 全部材料和冰塊放入雪克杯搖
盪。

2 倒入雞尾酒杯中。

A+C+C 26

Honneymoon

蜜月

酸酸甜甜又帶一點點苦
完美表現出蜜月的氛圍

攜手步入禮堂之後，象徵兩
人即將一起共嘗人生的酸甜
苦辣，這杯雞尾酒就是以此
意境所調配出來的。以蘋果
白蘭地為基酒，加上微苦
的Benedictine DOM和檸檬
汁，即成這道酸甜略帶苦味
的雞尾酒。

→ RECIPE
蘋果白蘭地	30㎖
Benedictine DOM	10㎖
黃柑橘香甜酒	5㎖
檸檬汁	15㎖
糖漬櫻桃	1個

→ TOOL
雪克杯、雞尾酒杯

MAKING

1 糖漬櫻桃以外的材料和冰塊放入
雪克杯搖盪。

2 倒入雞尾酒杯中，再放入糖漬櫻
桃。

A+B+B 22

Trente ans

30歲

白蘭地的深沉風味和
杏仁香甜酒、巧克力很對味

這是日本的長島茂敏在1993
年第18屆雞尾酒大賽中榮獲
亞軍的作品。「trente ans」
的法文原意是「30歲」，用
來喻意使用30㎖的白蘭地。
白蘭地和杏仁香甜酒、巧克
力粉的搭配非常對味。

→ RECIPE
白蘭地	30㎖
杏仁香甜酒	30㎖
鮮奶油	15㎖
蛋黃	1/2個
巧克力粉	適量

→ TOOL
雪克杯、雞尾酒杯

MAKING

1 酒杯邊緣沾巧克力粉，做成糖口
杯。

2 全部材料和冰塊放入雪克杯搖
盪。

3 把2倒入1的酒杯中。

Wine

以葡萄酒為基酒

plus

葡萄酒的基礎知識

葡萄酒稱得上是世界歷史最悠久的酒類，酒味細膩，完全不同於琴酒、伏特加等蒸餾酒類，所以用來調配雞尾酒有其困難度。不過，只要熟記各種葡萄酒的特徵與種類，應該就很簡單。

葡萄酒的歷史

葡萄酒的歷史並沒有定論，不過可以確定的是，葡萄酒是世界上歷史最悠久的酒類，據傳最早的葡萄酒可能出現在西元前八千年前。到了羅馬帝國時代，葡萄酒的釀造技術更為提升，已經可以釀造出品質良好的葡萄酒。

再者，基督教誕生之後，基督教徒一直將紅葡萄酒視為基督寶血的象徵。隨著基督教的普及，葡萄酒在歐洲逐漸受到重視並成為不可或缺的物品，後來更隨著歐洲人的腳步擴展到南美，甚至迅速流傳到全世界。

葡萄酒的種類

如果以顏色來分類的話，葡萄酒可以分為「紅酒」、「白酒」與「玫瑰紅酒」。不過，如果以製造法來分類的話，一般則分為4大類。

其分類大致如下：一、「靜態葡萄酒」（Still Wine），又稱為不起泡葡萄酒，分為紅酒、白酒與玫瑰紅酒。二、「氣泡葡萄酒」（Sparkling Wine），其中以香檳酒為主要代表。三、「加烈葡萄酒」（Fortified Wine），亦即酒精度數較高，且添加有糖份。四、「加味葡萄酒」（Aromatized Wine），亦即添加草根、樹皮或香草以增添香味的葡萄酒。

 葡萄酒的4種分類

靜態葡萄酒
又稱為不起泡葡萄酒，分為紅酒、白酒、玫瑰紅酒，屬於平常最常喝的葡萄酒，生產量也大。

氣泡葡萄酒
專指會起泡的葡萄酒，主要有法國的香檳、義大利的Spumante、西班牙的Cava、德國的Sekt等等。附帶一提的是，只有法國香檳地區生產的氣泡葡萄酒才稱為「香檳酒」。

加烈葡萄酒
在釀造過程中增加酒精度數和甜度的葡萄酒就稱為「加烈葡萄酒」，主要有西班牙的雪莉酒、葡萄牙的波特酒和馬德拉酒、義大利的馬沙拉酒。

加味葡萄酒
添加香草、水果以增加香味的葡萄酒則稱為加味葡萄酒，例如苦艾酒、法國的DUBONNET、西班牙的Sangría。

靜態葡萄酒和氣泡葡萄酒

葡萄酒又分為「靜態葡萄酒」和
「氣泡葡萄酒」，前者又分為紅
酒、白酒和玫瑰紅酒。這兩類葡
萄酒的酒味細膩，原本就可以直
接品味，不過，若要用來調配雞
尾酒的話，最好選擇口味清淡且
稍微苦澀者為佳。

AYALA
BRAND DE BRAND

味道清冽爽口又高雅的香
檳酒。

● 度數／12.4%
● 容量／750ml

FRANZIA（紅）

美國紅葡萄酒，酒味清淡，
清爽口味。

● 度數／12.5%
● 容量／750ml、3ℓ(整箱包裝)

MERCIAN的甘熟葡萄
美味葡萄酒(紅)

水果口味的葡萄酒，具有
葡萄酒原有的風味。

● 度數／4%
● 容量／500ml

PIAT D’ OR’

白葡萄酒，含有清淡的西
洋梨水果香味與花香。

● 度數／11.5%
● 容量／750ml

以葡萄酒為基酒

155

Fortified

加烈葡萄酒

釀造中途添加酒精度數較高的白蘭地，或是增加糖分來提升酒的甜度，這類葡萄酒就稱為加烈葡萄酒。酒味比較厚重，所以調配出來的雞尾酒具有豐富的層次感。

GONZALEZ BYASS TIO PEPE

創業於1835年的老牌雪莉酒，口味獨特，具有橡木桶香與乾果香。

● 度數／15%
● 容量／375 ㎖、750㎖

WELSH BROTHERS MADEIRA FINEST MEDIUM DRY

老牌葡萄酒，產於馬德拉群島，口味清淡，風味獨特。

● 度數／19%
● 容量／750㎖

COCKBURN'S TAWNY波特酒

酒味帶有成熟果香，餘韻迷人。

● 度數／20%
● 容量／750㎖

COCKBURN'S RUBY 波特酒

原產於葡萄牙，釀造中途添加了白蘭地，酒味清淡。

● 度數／20%
● 容量／750㎖

Flavoured

加味葡萄酒

添加香草、水果以增加香味的葡萄酒稱為加味葡萄酒，通常不做為雞尾酒的基酒，而是做為雞尾酒的配料，其中又以苦艾酒是調配雞尾酒不可或缺的材料。

NOILLY PRAT澀味苦艾酒

法國最著名的苦艾酒，澀味的風味與清冽的酒味極受歡迎。

● 度數／18%
● 容量／750㎖

GANCIA澀味苦艾酒

義大利酒廠生產的澀味苦艾酒，屬於辛辣口味。

● 度數／18%
● 容量／1000㎖

CINZANO 澀味苦艾酒

世界知名酒廠製造的苦艾酒，酒味香醇且辛辣。

● 度數／18%
● 容量／750㎖

MARTINI BIANCO

義大利著名的苦艾酒，味道甘美而均衡，極受消費者喜愛。

● 度數／16%
● 容量／750㎖

CINZANO
Rosso（微甜）苦艾酒

添加藥草與香草的甜味苦艾酒，略帶苦味。

● 度數／15%
● 容量／750㎖

以葡萄酒為基酒

基爾的方程式

「基爾」是以直接喝也很美味的葡萄酒為基酒，搭配黑醋栗香甜酒調配出口味細膩的雞尾酒。如果使用白葡萄酒為基酒的話，務必選用澀味，且最好事先冰涼。此外，選用水果風味的黑醋栗香甜酒調配出來的雞尾酒比較美味。

標準的方程式

一杯白葡萄酒（約60ml）搭配10ml的黑醋栗香甜酒，亦即兩者的基本比例為6：1。

plus

白葡萄酒	黑醋栗香甜酒	標準的基爾
（60ml）	（10ml）	（參照P.160）

黃金比例

60+10
6 ： 1

黑醋栗香甜酒如果用量過多的話，調出來的雞尾酒將會太甜膩，所以請務必嚴守6：1的黃金比例。此外，白葡萄酒盡量選用澀味，因為白葡萄酒的酸味才能夠充分襯托出黑醋栗香甜酒的酸甜味道。

比標準口味更

澀 味

★以澀味雪莉酒代替白葡萄酒。
★比例改為12：1。

白葡萄酒

TIO PEPE

（**60**㎖）

plus

香甜酒

黑醋栗香甜酒

（**1**tsp.）

比標準口味更

淡 味

★添加葡萄汁
★比例改為12：1：2

白葡萄酒

澀味白葡萄酒

（**120**㎖）

plus

香甜酒

黑醋栗香甜酒

（**10**㎖）

plus

葡萄汁

（**20**㎖）

A+B	S	D	M		
	12.7	16.3	11.2		

Kir

基爾

白葡萄酒和黑醋栗香甜酒的組合
調配出具有香濃水果香味的雞尾酒

這是法國葡萄酒的著名產地勃艮第地區的第
戎市（Dijon）首創的雞尾酒。1945年，第
戎市的基爾市長為了振興當地農業，乃興起
利用白葡萄酒調配雞尾酒的點子。

● RECIPE

【標準】

澀味白葡萄酒 ······ 1glass
黑醋栗香甜酒 ······· 10㎖

【澀味】

TIO PEPE ············ 60㎖
黑醋栗香甜酒 ······· 1tsp.

【淡味】

澀味白葡萄酒 ······ 120㎖
黑醋栗香甜酒 ······· 10㎖
葡萄汁 ················· 20㎖

● TOOL

吧叉匙、香檳酒杯

MAKING

1 冰涼的黑醋栗香甜酒倒入酒杯中。

2 再倒入白葡萄酒（澀味的話採用TIO PEPE白葡萄
酒），拌勻。

＊淡味的話，倒入葡萄汁之後再拌勻。

Kir Royal

皇家基爾

氣泡與淺紅色最引人注目
具有高貴香味的雞尾酒

皇家基爾是將基爾的白葡萄酒改為香檳酒，
使口味更具有高貴口感。黑醋栗所釀造的黑
醋栗香甜酒具有誘人水果香味，再加上淺紅
的酒色，使這道雞尾酒色香味俱全。

●RECIPE		●TOOL
香檳酒	120㎖	吧叉匙、香檳酒杯
黑醋栗香甜酒	10㎖	

MAKING

1 香檳酒倒入酒杯中。

2 倒入冰涼的黑醋栗香甜酒拌勻。

Champagne Cocktail

香檳雞尾酒

「北非諜影」一個著名的場景
男主角里克就是喝這杯香檳雞尾酒

酒杯中放方糖，倒入略帶苦味的Angostura苦
精，再倒入香檳酒，香檳酒一遇方糖就會產
生小氣泡，喝起來清爽圓潤，適合任何人飲
用，所以極受歡迎。

●RECIPE		●TOOL
香檳酒	適量	廣口香檳酒杯
方糖	1個	
Angostura苦精	2dash	
柳橙皮	1個	

MAKING

1 方糖放入酒杯中，把Angostura苦精滴在方糖上面。

2 輕輕倒入冰涼的香檳酒，再放入柳橙皮。

以葡萄酒為基酒

Mimosa

含羞草

清爽香甜口感佳
美麗的酒色有如含羞草的花

這道雞尾酒的美麗酒色有如盛開的含羞草而得名。新鮮柳橙汁和等量的香檳酒調配成這道雞尾酒，口感清爽香甜，又具有濃濃的柳橙果香，輕啜一口令人回味無窮。

RECIPE

香檳酒	1/2glass
新鮮柳橙汁	1/2glass

TOOL
吧叉匙、香檳酒杯

MAKING

1 杯中倒入冰涼的柳橙汁。

2 再倒入冰涼的香檳酒，拌勻。

A+C 8.7

Caravaggio

卡拉瓦喬

香檳酒和香濃的芒果汁
調製出美味好喝的雞尾酒

芒果汁的味道甘甜香濃又略帶酸味，加上香檳酒的甘甜與氣泡，調配成一杯美味可口的雞尾酒。酒精度數不高，只有8.7度，很適合女性飲用。此外，可依自己的喜好增減芒果汁的份量。

RECIPE

香檳酒	90㎖
芒果汁	30～45㎖

TOOL
吧叉匙、香檳酒杯

MAKING

1 全部材料放入酒杯中。

2 用吧叉匙拌勻。

A+B 14.4

Blue Champagne

藍色香檳

祖母綠的酒色美麗動人
口感清爽美味

把香檳酒注入酒杯，再加入利用柑橘皮釀造而成的藍柑橘香甜酒，即調成這道美麗的藍色雞尾酒。做法簡單，不僅酒色非常美麗誘人，喝起來也美味可口。

RECIPE

香檳酒	適量
藍柑橘香甜酒	1tsp.

TOOL
吧叉匙、香檳酒杯

MAKING

1 香檳酒倒入酒杯，再倒入藍柑橘香甜酒拌勻。

Spritzer

史普利滋亞

清爽可口的氣泡雞尾酒
美味好喝令人百喝不厭

「Spritzer」的德語原意為「蹦跳」。白葡
萄酒加上蘇打水之後，氣泡蹦蹦跳跳非常美
味，故取名為「Spritzer」。口感清爽，非常
美味。

RECIPE

		TOOL
白葡萄酒	60㎖	可林酒杯、吧叉匙
蘇打汽水	適量	
萊姆片	1片	

MAKING

1 冰塊放入酒杯中，倒入白葡萄酒、蘇打汽水。

2 用吧叉匙拌勻後，放入檸檬片。

Cardinal

卡蒂娜

深紅酒色引人遐思
濃郁的香味撲鼻而來

黑醋栗香甜酒是採用純熟的黑醋栗釀製而
成，搭配風味獨特的紅葡萄酒，成為一道充
滿圓潤果香味的雞尾酒。「cardinal」的原
意為深紅色，因酒色為深紅色，故名之。

RECIPE

		TOOL
紅葡萄酒	4/5glass	吧叉匙、酒杯
黑醋栗香甜酒	1/5glass	

MAKING

1 全部材料倒入酒杯中，用吧叉匙拌勻。

以葡萄酒為基酒

Amereicano

美國佬

這杯「美國佬」雞尾酒
口感令人「不可思議」

「Amereicano」是義大利語的「美國佬」之意。甜味苦艾酒的微甜加上口味複雜的 CAMPARI香甜酒，以及清涼感十足的檸檬皮汁液，調配出一種難以言喻的風味，最適合做為餐前酒。

RECIPE

甜味苦艾酒	30ml
CAMPARI香甜酒	30ml
檸檬皮	1片

TOOL

吧叉匙、古典酒杯

MAKING

1 冰塊放入酒杯中，倒入甜味苦艾酒、CAMPARI香甜酒，輕輕拌勻。

2 擠入檸檬皮的汁液。

A+C 15

Tawny & Tawny

托尼托尼

酒色近似白蘭地
口味近似美味的紅茶

「黃褐色波特酒」（Tawny Porto）是將紅寶石波特酒經過橡木桶長期陳放之後，喪失酒液的色素而轉變為黃褐色（Tawny），再加上顏色相近的紅茶與酸酸的檸檬片，就成了這道托尼托尼。

RECIPE

黃褐色波特酒	90ml
紅茶	適量
檸檬片	1片
薄荷葉	1片

TOOL

吧叉匙、古典酒杯

MAKING

1 冰塊放入酒杯中，倒入黃褐色波特酒、紅茶，輕輕拌勻。

2 放入檸檬片與薄荷葉。

A+C 7

Labelo Port

拉貝洛波特酒

Labelo是小型帆船之意
有深度，容易入口

「Labelo」專指用來載運葡萄酒的「小型帆船」。濃厚的波特酒加上鳳梨汁，調配出這道略帶酸酸甜甜、美味又口感佳的雞尾酒。酒精濃度只有7度，容易入口。

RECIPE

白色波特酒	60ml
鳳梨汁	90ml

TOOL

雪克杯、香檳酒杯

MAKING

1 全部材料和冰塊放入雪克杯中搖盪。

2 倒入酒杯中。

Bellini

貝里尼

濃純的水蜜桃果汁和氣泡葡萄酒
調配出清爽美味的雞尾酒

這是用來稱頌文藝復興時代知名畫家貝里尼
而調配出來的雞尾酒,是義大利著名且歷史
悠久的「哈里斯酒吧」的老闆精心調配出來
的一道雞尾酒配方,口感清爽又高雅。

→RECIPE		→TOOL
氣泡葡萄酒………	2/3glass	吧叉匙、香檳酒杯
水蜜桃果汁………	1/3glass	
紅石榴糖漿…………	1dash	

MAKING
1 冰涼的水蜜桃果汁和紅石榴糖漿倒入酒杯中。
2 倒入冰涼的氣泡葡萄酒,拌勻。

Bamboo

竹子

據傳這是日本第一個雞尾酒配方
口感清爽,至今仍極受歡迎

明治23年,路易斯艾賓自舊金山來到日本橫
濱擔任Grand Hotel的總經理,有感於橫濱港
的美麗景致而調配出這道雞尾酒,乃成為
日本第一個雞尾酒配方,口感清爽,極受歡
迎。

→RECIPE		→TOOL
澀味雪莉酒……………	45mℓ	攪拌杯、隔冰器、吧叉
澀味苦艾酒……………	15mℓ	匙、雞尾酒杯
柑橘苦精……………	1dash	

MAKING
1 全部材料和冰塊放入攪拌杯中拌勻。
2 蓋上隔冰器,倒入酒杯中。

苦艾黑醋栗

酒精度數9度，略帶酸味
具有豐富的口感，適合小口輕啜

微甜又略帶酸味的黑醋栗香甜酒，加上苦艾
酒，再加上味道清爽的蘇打汽水，組合成
容易入口的雞尾酒。法國人稱這道雞尾酒為
「Pompier」，意思是「消防員」，屬於大
眾飲料。

RECIPE		TOOL
澀味苦艾酒	45ml	吧叉匙、平底杯
黑醋栗香甜酒	30ml	
蘇打汽水	適量	

MAKING

1 平底杯放冰塊，倒入苦艾酒和黑醋栗香甜酒。

2 再倒滿蘇打汽水，拌勻。

阿丁頓

兩種口味的苦艾酒搭配而成
再加蘇打汽水調成的雞尾酒

澀味苦艾酒具有芳醇風味，甜味苦艾酒略帶
甜味，再加上蘇打汽水調配成味道均衡的雞
尾酒，最後再擠上柳橙皮的汁液，使整杯雞
尾酒帶有柑橘的清爽味道。

RECIPE		TOOL
澀味苦艾酒	30ml	吧叉匙、古典酒杯
甜味苦艾酒	30ml	
蘇打汽水	15ml	
柳橙皮	1片	

MAKING

1 冰塊放入酒杯，倒入澀味苦艾酒和甜味苦艾酒，輕輕
拌勻。

2 倒入冰涼的蘇打汽水，擠入柳橙皮的汁液。

A+C+C 7

Paradise Gaia

極樂蓋亞

濃厚的甘甜味和香醇的風味
輕啜一口有如進入極樂世界

「蓋亞」是希臘神話中的大
地女神。紅寶石波特酒具有
香醇的風味，加上味道濃厚
的水蜜桃果汁與蘇打汽水，
調配出來的酒色美麗誘人，
輕啜一口有如進入極樂世
界。

● RECIPE

紅寶石波特酒	60ml
水蜜桃果汁	90ml
蘇打汽水	適量

● TOOL

吧叉匙、酒杯

MAKING

1 紅寶石波特酒倒入酒杯中，倒入
水蜜桃果汁和冰涼的的蘇打汽
水，拌勻。

 A+B+B 16

Adonis

阿多尼斯

利用雪莉酒和苦艾酒的風味
表現希臘神話美少年的風采

「阿多尼斯」（Adonis）是
希臘神話的美男子。略帶清
爽甜味的澀味雪莉酒和甜味
苦艾酒，再加上柳橙苦精的
香甜風味，表現出希臘美少
年的氛圍。甘甜中更加彰顯
雪莉酒的風味。

● RECIPE

澀味雪莉酒	60ml
甜味苦艾酒	15ml
柳橙苦精	1dash

● TOOL

攪拌杯、隔冰器、吧叉匙、雞尾酒杯

MAKING

1 全部材料和冰塊放入攪拌杯中拌
勻。

2 蓋上隔冰器，倒入酒杯中。

 A+C+C 8.1

Operator

接線生

甜味、酸味加上清爽口感
口感佳、容易入口

白葡萄酒帶有甜味與酸味，
搭配清爽的薑汁汽水和檸檬
汁，成為一道充滿清爽口感
的雞尾酒，有如檸檬飲料一
般令人一口接一口喝個不
停。酒精度數只有8.1度，不
善喝酒的人也可以喝。

● RECIPE

白葡萄酒	90ml
檸檬汁	1tsp.
薑汁汽水	45～60ml
檸檬片	1片

● TOOL

高腳杯、吧叉匙

MAKING

1 檸檬片以外的材料逐一倒入酒杯
中，拌勻。

2 放入檸檬片做為裝飾。

Celebration

慶典

覆盆子香甜酒的香味
最適合搭配香檳與白蘭地

口感清爽的香檳酒，加上帶
點酸甜的覆盆子香甜酒、以
及風味豐富的干邑白蘭地與
萊姆糖漿，調配出這道榮獲
日本第15屆HBA雞尾酒大賽
的大獎，作者是渡邊一也。

RECIPE

香檳酒	30㎖
覆盆子香甜酒	20㎖
干邑白蘭地	10㎖
萊姆糖漿	1dash

TOOL
雪克杯、雞尾酒杯

MAKING

1 酒杯預先冰涼，倒入香檳酒。

2 香檳酒以外的材料和冰塊倒入雪
克杯中搖盪後，倒入1的杯中。

A+B+B+C 14

Kissour

基索爾

風味獨特又豪華的雞尾酒
可以享受到多樣的水果香

這是中村圭二的作品，榮獲
日本第10屆HBA雞尾酒大賽
的亞軍。帶有芭樂、百香果
等多種水果香味的Charleston
Follies香甜酒，加上白葡萄
酒、黑醋栗、水蜜桃和葡萄
柚汁，風味獨特又豪華。

RECIPE

白葡萄酒	30㎖
黑醋栗香甜酒	10㎖
水蜜桃香甜酒	10㎖
Charleston Follies香甜酒	1tsp.
葡萄柚汁	20㎖
糖漬櫻桃	1個
薄荷葉	適量

TOOL
雪克杯、雞尾酒杯

MAKING

1 從白葡萄酒到葡萄柚汁依序倒入
雪克杯中，加入冰塊搖盪。

2 把1倒入酒杯中，杯緣裝飾櫻桃和
薄荷葉。

A+B+B+C+C 21

Flash Back

倒敘

特殊的風味和甜味
令人喝了還想再喝

這是吉川幸一的作品，榮獲
HBA JARDINE W&S雞尾酒
大賽的亞軍。帶有甜味的波
特酒，加上味道強烈刺激
的伏特加、櫻桃風味的香甜
酒、柳橙汁、檸檬汁，調配
出這道特殊風味的雞尾酒。

RECIPE

波特酒	15㎖
伏特加	20㎖
櫻桃香甜酒	15㎖
柳橙汁	10㎖
檸檬汁	1tsp.
糖漬櫻桃	1個

TOOL
雪克杯、雞尾酒杯

MAKING

1 將櫻桃以外的材料和冰塊放入雪
克杯中，搖盪。

2 把1倒入酒杯中，糖漬櫻桃裝飾在
杯緣。

Liqueur

以香甜酒為基酒

plus

plus

香甜酒的基礎知識

香甜酒是在蒸餾酒當中混合多種材料製造而成，經常用來調配雞尾酒，但是通常被人忽略掉他的真正名稱，所以，請務必記住一些常用的香甜酒。

香甜酒的歷史

香甜酒的歷史相當久遠，據說在蒸餾酒的技術誕生後不久，一群鍊金術師在偶然之間利用香草或花香做成蒸餾酒，而成為香甜酒的起源。

這項技術流傳到義大利與法國之後，更研發出各種香草、藥草風味的香甜酒，不僅具有藥效成分，更因酒色非常美麗動人，所以又有「液體寶石」的美名。「Liqueurs」的法文原意為「溶解」，有人譯為「利口酒」，不過，一般通稱為「香甜酒」。

香甜酒的種類

香甜酒的種類繁多，一般分為四大類：藥草香料類、水果類、種子核仁類、奶油類。

藥草香料類是利用藥草或香料製造而成，具有獨特香味，味道比較強烈；水果類則是由水果造成，清爽可口具有水果香味。

種子核仁類香甜酒是利用果實或核仁製造而成，味道深沉濃厚；奶油類則是由乳製品或蛋類製造而成，具有奶油的濃純味。

 ## 香甜酒的四大種類

藥草香料類
採用薄荷、茴香之類的藥草或香料製造而成，是歷史最悠久的香草酒，有些原本就被當做藥酒飲用。味道強烈且濃厚是此類香甜酒的主要特徵。

苦味酒
藥草香料類的香甜酒當中，具有苦味的則一律歸為「苦味酒」，又稱為苦精。

水果類
以水果製造而成的香甜酒，具有水果香味，種類繁多，例如：蘋果、水蜜桃、檸檬、奇異果、蔓越莓……。

種子核仁類
採用咖啡、可可之類的種子或核仁所製造而成的香甜酒，主要特徵是具有香醇甘美的味道。

奶油類
採用乳製品或蛋類製成的香甜酒。味道濃醇滑順，卻幾乎不具有酒精味。

藥草香料類

此類香甜酒是採用藥草或香料的精華製造而成的，最早是做為藥用，具有植物特有的風味和苦味。用來調配雞尾酒的話，可以增添雞尾酒的風味。

BENEDICTINE DOM

這是最古老的香甜酒之一，最早是由班尼狄克(BENEDICTINE)修道院所製造，一共採用了27種香料，故味道香濃。

● 度數／40%
● 容量／750㎖

CHARTREUSE

至今仍沿用CHARTREUSE修道院的秘方釀造，具有甘甜又均衡的風味。

● 度數／40%
● 容量／700㎖

薄荷香甜酒GET 27

使用歐洲原產的7種薄荷製造出香醇又清爽的薄荷酒，非常受到消費者喜愛。

● 度數／21%
● 容量／700㎖

CAMPARI

最著名的苦味酒之一，採用30種以上的香料製造而成，獨特的微苦風味與清爽香味令人百喝不厭。

● 度數／24%
● 容量／1000㎖

Fruit

水果類

此類香甜酒的主要特徵是具有清香的水果香味，其中又以柑橘類的香甜酒最為常見。不論是高酒精濃度的蒸餾酒、同樣性質的果汁或是碳酸飲料，都和這類香甜酒非常搭調。

COINTREAU
君度橙酒

這是白柑橘香甜酒的第一名品牌，採用柳橙果皮製造而成，含自然果香。

- 度數／40%
- 容量／700㎖

GRAND MARNIER
紅帶

以干邑白蘭地和柳橙果皮製造而成的香甜酒，是此類香甜酒的最佳等級。

- 度數／40%
- 容量／700㎖

WOUTHERN COMFORT

美國產的香甜酒。採用蒸餾酒和多種水果、香料製造而成。

- 度數／21%
- 容量／750㎖

DITA荔枝香甜酒

具有荔枝高雅的香濃味道，一上市就受到消費者瘋狂喜愛。

- 度數／24%
- 容量／700㎖

LEJAY黑醋栗香甜酒

黑醋栗香甜酒的始祖，味道酸酸甜甜，極受女性喜愛。

- 度數／20%
- 容量／700㎖

種子核仁類&奶油類

這類香甜酒和水果類最大的不同
在於味道比較濃厚滑順。和蒸餾
酒非常搭調,尤其和具有特殊風
味的蘭姆酒、味道厚重的白蘭地
等味道強烈的酒類搭配起來都很
合適。

DISARONNO杏仁香甜酒

採用杏仁為原料製造而
成,具有杏仁的香氣,入
口時滑順細緻。

● 度數/28%
● 容量/700㎖

KAHLUA咖啡香甜酒

具有咖啡香與香草的香甜
風味,極受消費者喜愛。

● 度數/20%
● 容量/700㎖

BAILEYS ORIGINAL
愛爾蘭奶油酒

愛爾蘭威士忌和鮮奶油調
製而成的香甜酒,味道香
濃。

● 度數/17%
● 容量/700㎖

DRAMBUIE蜂蜜香甜酒

威士忌和蜂蜜、香料調製
而成的蜂蜜香甜酒,具有
特殊風味。

● 度數/40%
● 容量/750㎖

WARNINKS蛋黃酒

由蛋黃和白蘭地酒調製而
成,呈黃色,荷蘭製造,
味道濃厚。

● 度數/17%
● 容量/700㎖

以香甜酒為基酒

173

Glasshopper

綠色蚱蜢的方程式

「綠色蚱蜢」屬於甜的雞尾酒，一般做為餐後酒。調配綠色蚱蜢時，通常不會採用Dry或Mild的口味，而是調製出濃厚且甜的風味。每一種材料的比例不加以改變，只更換香甜酒的品牌，藉以調配出不同的口味。

標準的方程式

可可香甜酒、薄荷香甜酒、奶油的標準比例為1：1：1。

白可可香甜酒
（20ml）

plus

綠薄荷香甜酒
（20ml）

plus

鮮奶油
（20ml）

標準的綠色蚱蜢
（參照P.176）

黃金比例

$$20+20+20$$

$$1：1：1$$

「綠色蚱蜢」所用的三種材料基本上都保持相同的比例，其中一個材料的比例略有變動的話，將會影響到綠色蚱蜢特有的甜味與清爽口感，所以，請務必嚴守每種材料的份量。此外，搖盪時一定要非常用力，讓空氣能夠充分打入材料中；倒入酒杯時，也要讓冰塊的浮沫飄浮在上面，才能夠品嘗到滑順又清爽的口感。

比標準口味更

澀味

★可可香甜酒改為口味比較濃厚的。

香甜酒

plus

香甜酒

plus

配料

棕可可香甜酒

（**20**㎖）

綠薄荷香甜酒GET27

（**20**㎖）

鮮奶油

（**20**㎖）

比標準口味更

淡味

★把鮮奶油替換為冰淇淋
★更換為霜凍的型態

香甜酒

plus

香甜酒

plus

配料

白可可香甜酒

（**30**㎖）

綠薄荷香甜酒GET27

（**30**㎖）

香草冰淇淋

（**1**disher※）

※所謂disher是指挖冰淇淋用的半球型器具。

	S	D	M		M	
A+B+C	13.8	14.1	11.2			

Glasshopper

綠色蚱蜢

可可、薄荷與近似冰淇淋的風味
有如一道美味可口的甜點

淺綠色的酒色令人連想到綠色的蚱蜢。綠色
的汁液和清爽的綠薄荷香甜酒所散逸出來
的香味，宛如在大草原上活蹦亂跳的蚱蜢一
般。

● RECIPE

【標準】
白可可香甜酒 ········· 20㎖
綠薄荷香甜酒GET27
·········· 20㎖
鮮奶油 ·············· 20㎖

【澀味】
棕可可香甜酒 ········· 20㎖
綠薄荷香甜酒GET27
·········· 20㎖
鮮奶油 ·············· 20㎖

【淡味】
白可可香甜酒 ········· 30㎖
綠薄荷香甜酒GET27
·········· 30㎖
香草冰淇淋·········· 1disher

● TOOL
雪克杯、雞尾酒杯(標準、
澀味)、果汁機、廣口香檳
酒杯(淡味)

MAKING

1 全部材料和冰塊放入雪克杯，用力搖盪。淡味的話，
則把全部材料放入果汁機打碎。

2 把1倒入杯中。

天使之吻

謹以這杯「天使之吻」雞尾酒
獻給自己鍾愛的情人

刺針插上糖漬櫻桃擱在酒杯上方，可可香甜
酒的上方是鮮奶油，正巧形成一個「親吻」
的符號，所以取名為「天使之吻」。這是一
道甜點式的雞尾酒，極受歡迎。

●RECIPE	●TOOL
可可香甜酒…………… 30ml	吧叉匙、香甜酒杯、刺針
鮮奶油 ………………… 15ml	
糖漬櫻桃………………… 1個	

MAKING

1　沿著吧叉匙的背部，依照順序把可可香甜酒、鮮奶油
　　輕輕倒入酒杯中。

2　刺針插上櫻桃，裝飾在杯子上。

瓦倫西亞

宛如耀眼陽光下的瓦倫西亞柳橙
柳橙果汁風味的雞尾酒

在耀眼陽光下成長茁壯的柳橙果汁，加上香
醇濃郁的杏桃白蘭地，調配出這道風味獨特
的雞尾酒。瓦倫西亞位於西班牙東部，是知
名的柳橙盛產地區。

●RECIPE	●TOOL
杏桃白蘭地…………… 30ml	雪克杯、雞尾酒杯
柳橙汁 ………………… 30ml	

MAKING

1　全部材料和冰塊放入雪克杯中搖盪。

2　倒入酒杯中。

以香甜酒為基酒

A+C 8.3

Fuzzy Navel

肚臍

約會必喝的雞尾酒
極受女性喜愛

使用等量的水蜜桃香甜酒和
新鮮柳橙汁，調配出甜味與
酸味都恰到好處的一杯雞尾
酒。酒精度數不高，極為女
性喜愛，尤其在酷夏的白天
飲用的話，更能享受休閒渡
假的樂趣。

→**RECIPE**

水蜜桃香甜酒	30ml
新鮮柳橙汁	30ml
柳橙片	1/2片
檸檬片	1片
糖漬櫻桃	1個

→**TOOL**
雪克杯、古典酒杯、刺針

MAKING

1 水蜜桃香甜酒、新鮮柳橙汁和冰
塊放入雪克杯中搖盪。

2 酒杯中放冰塊，倒入1，刺針插上
柳橙片、櫻桃，放入杯中，再放
入檸檬片。

A+C 7

Campari Soda

金巴利蘇打

苦酒的苦味和蘇打汽水
的碳酸成分都有益健康

CAMPARI香甜酒是義大利
最具代表性的香甜酒，具有
柳橙果皮所提煉出的特有苦
味，加上冰涼的蘇打汽水稀
釋之後，成為一道美味的雞
尾酒。添加檸檬片可以增加
特殊風味。

→**RECIPE**

CAMPARI香甜酒	45ml
蘇打汽水	適量
柳橙片	1/2片

→**TOOL**
吧叉匙、可林酒杯

MAKING

1 冰塊放入杯中，倒入香甜酒。

2 再倒滿冰涼的蘇打汽水，放入柳
橙片。

A+C 7

Campari Orange

金巴利柳橙

CAMPARI香甜酒具有成熟韻味
是義大利知名的雞尾酒

CAMPARI香甜酒和柳橙
汁是最佳拍檔，使「金巴
利柳橙」成為世界知名的
雞尾酒。柳橙的酸甜加上
CAMPARI香甜酒的苦味，
色調鮮豔且風味獨特，喝上
一口，頓時覺得活力十足。

→**RECIPE**

CAMPARI香甜酒	45ml
柳橙汁	適量

→**TOOL**
吧叉匙、平底杯

MAKING

1 平底杯放入冰塊，倒入香甜酒。

2 再倒滿冰涼的柳橙汁，輕輕拌
勻。

A+C 17

Pastis Water

帕斯提斯水

獨特風味的「帕斯提斯」
加水稀釋成為美味的雞尾酒

「帕斯提斯」（Pastis）的法
文原意為「模仿」，主要是
因為Absinthe茴香酒被禁止
釀製之後，許多人自釀Pastis
來替代Absinthe，所以取名
為「帕斯提斯」（Pastis）。
這種酒的主要特性是加水之
後會變濁。

RECIPE
Ricard茴香酒·····················30ml
礦泉水······························適量

TOOL
吧叉匙、平底杯

MAKING

1 杯中放冰塊，倒入Ricard茴香酒，
再倒滿冰涼的礦泉水，拌勻。

A+C 6

Suze Tonic

蘇絲湯尼

眾多藝術家都偏愛Suze
口味單純且值得品味

「Suze」（蘇絲）是眾多藝
術家喜愛的法國香甜酒，略
帶苦味與甜味，黃色的酒色
美麗誘人，加上通寧汽水稀
釋之後，小氣泡立刻在黃色
液體中不斷往上竄，看起來
十分美麗。

RECIPE
Suze香甜酒·····················45ml
通寧汽水····························適量

TOOL
吧叉匙、平底杯

MAKING

1 冰塊放入平底杯中，倒入Suze香
甜酒，再倒滿通寧汽水，輕輕拌
勻。

A+C 4

Snow Ball

雪球

奇妙的組合
令人一口一口喝個不停

「蛋黃酒」是用蛋黃做成的
香甜酒，加上7up汽水即成
一杯美味可口的雞尾酒。這
兩種材料組合看似奇特，卻
能調配出一道甘甜濃厚、喝
起來清爽感十足的雞尾酒。

RECIPE
蛋黃酒·····························30ml
7up汽水····························適量

TOOL
吧叉匙、平底杯

MAKING

1 冰塊放入平底杯中，倒入蛋黃
酒，再倒滿7up汽水，輕輕拌勻。

 A÷C÷C 5

Picon & Grenadin

皮康&紅石榴

色調迷人的雞尾酒
有如燦爛的夕陽餘暉

使用苦味酒調配的雞尾酒稱為「苦味雞尾酒」，而PICON苦酒是苦味酒的代表，所以這道雞尾酒堪稱苦味雞尾酒的代表。酒精度數雖不高，卻具有成熟的回甘與韻味，令人百喝不厭。

●RECIPE
PICON苦酒 ·············· 45㎖
紅石榴糖漿 ·············· 10㎖
蘇打汽水 ··············· 適量
檸檬皮 ················· 1個

●TOOL
平底杯、吧叉匙

MAKING

1 冰塊放入平底杯中，倒入PICON香甜酒和紅石榴糖漿。

2 倒滿蘇打汽水，輕輕拌勻，擠入檸檬皮的汁液。

 **A÷C÷C** 4.5

Amer Moni

阿美莫尼

喜歡苦精風味的雞尾酒迷一定會喜歡這杯雞尾酒

這道雞尾酒是將「泡泡」（Spumoni P180）的CAMPARI香甜酒改為PICON苦酒。苦酒具有甜味與微苦，加上葡萄柚汁的酸甜味和通寧汽水，成為一道美味好喝的餐前酒。

●RECIPE
PICON苦酒 ·············· 30㎖
新鮮葡萄柚汁 ············ 30㎖
通寧汽水 ··············· 適量

●TOOL
吧叉匙、可林酒杯

MAKING

1 冰塊放入酒杯，放入全部的材料，用吧叉匙拌勻。

A÷C÷C 7

Spumoni

泡泡

碳酸汽水的爽快感
略帶苦味令人百喝不厭

CAMPARI香甜酒、葡萄柚汁和通寧汽水，這三種材料都略帶苦味，苦味、甜味、酸味和碳酸汽泡在杯中巧妙的融成一體，不禁令人一口接一口喝個不停。

●RECIPE
CAMPARI香甜酒 ·········· 30㎖
葡萄柚汁 ··············· 30㎖
通寧汽水 ··············· 適量

●TOOL
吧叉匙、平底杯

MAKING

1 冰塊放入酒杯中，倒入香甜酒、葡萄柚汁。

2 倒入冰涼的通寧汽水，輕輕拌勻。

Ditamoni

迪塔莫尼

看似口味單純的雞尾酒
喝上一口卻滿口芳香

把「泡泡」（Spumoni P180）當中的 CAMPARI香甜酒替換為女性偏愛的DITA荔枝香甜酒。荔枝香甜酒充滿異國風情，再加上淺淺的色調，令這杯雞尾酒充滿東方氛圍。

◆ RECIPE		◆ TOOL
DITA香甜酒	30㎖	吧叉匙、可林酒杯
新鮮葡萄柚汁	30㎖	
通寧汽水	適量	

MAKING

1 冰塊放入可林酒杯，倒入DITA香甜酒、新鮮葡萄柚汁，拌勻。

2 倒滿冰涼的通寧汽水，輕輕拌勻。

Charlie Chaplin

查里•卓別林

查里·卓別林是喜劇大王
這是一道令人驚喜的雞尾酒

香醇芳郁的杏桃白蘭地，加上酸酸甜甜的黑刺李琴酒以及酸酸的檸檬汁，組合成這道令人又驚又喜的雞尾酒，有如親眼目睹卓別林的喜劇一般令人感動。

◆ RECIPE		◆ TOOL
杏桃白蘭地	20㎖	雪克杯、古典酒杯
黑刺李琴酒	20㎖	
檸檬汁	20㎖	

MAKING

1 全部材料和冰塊放入雪克杯中，搖盪。

2 冰塊放入酒杯，倒入1。

以香甜酒為基酒

A＋B＋C 18

Pearl Harbor

珍珠港

迷人的淺綠酒色
令人連想到美麗的珍珠港

夏威夷珍珠港是二次大戰的
悲劇舞台。甘甜的果汁風味
以及美麗的祖母綠色彩，啜
飲一口雞尾酒，或許會令人
在內心許願，希望珍珠港的
悲劇別再重演。

●RECIPE

哈蜜瓜香甜酒	40mℓ
伏特加	15mℓ
鳳梨汁	15mℓ

●TOOL
雪克杯、雞尾酒杯

MAKING

1 全部材料和冰塊放入雪克杯中搖
盪。

2 倒入酒杯中。

A＋B＋C 16

Kirsh Cassis

櫻桃黑醋栗

兩種酸酸甜甜的水果
搭配出難以言喻的美味

這道雞尾酒是採用白色櫻桃
香甜酒和黑醋栗香甜酒，再
加上蘇打汽水調配而成。口
感清爽，酸味極為均衡，往
往會讓人不自覺的一口接一
口喝個不停。Kirsh是德語的
櫻桃之意。

●RECIPE

白色櫻桃香甜酒	30mℓ
黑醋栗香甜酒	30mℓ
蘇打汽水	適量

●TOOL
吧叉匙、平底酒杯

MAKING

1 冰塊放入平底杯，倒入櫻桃香甜
酒和黑醋栗香甜酒。

2 倒滿冰涼的蘇打汽水，輕輕拌
勻。

A＋B＋C 16

Brain Hemorrhaje

腦內出血

駭人聽聞的雞尾酒名
具有精彩絕倫的風味

「腦內出血」的酒名看似駭
人聽聞，其實看起來卻美麗
動人，喝上一口，一股濃厚
甜美的味道立刻滿溢整個口
腔，在嘴裡幻化成各種不同
的變化。也可以事先拌勻後
再飲用。

●RECIPE

水蜜桃香甜酒	45mℓ
Baileys奶油香甜酒	15mℓ
紅石榴糖漿	1tsp.

●TOOL
香甜酒杯

MAKING

1 把冰涼的水蜜桃香甜酒倒入酒杯
中，輕輕倒入奶油香甜酒使其浮
在上面，再自然滴落紅石榴糖
漿。

巴巴基娜

巴巴基娜是莫札特著名的歌劇
「魔笛」的主角名字

巧克力奶油香甜酒加上白蘭地和鮮奶油，調
配出一道味道香醇濃厚的雞尾酒。「巴巴
基娜」是莫札特著名歌劇「魔笛」的主角名
字。

RECIPE	TOOL
莫札特巧克力奶油香甜酒	雪克杯、雞尾酒杯
……… 30mℓ	
白蘭地 ……… 15mℓ	
鮮奶油 ……… 15mℓ	

MAKING

1 全部材料和冰塊放入雪克杯中搖盪。

2 倒入酒杯中。

郝思嘉

一如郝思嘉的堅韌頑強
酸味和甜味產生複雜的調和性

「郝思嘉」是世界名著「亂世佳人」女主角
的名字。這道雞尾酒的酸味和甜味產生複雜
的調和性，一如郝思嘉的個性，叛逆又堅韌
頑強，散發女性特有的氣質。

RECIPE	TOOL
Southern Comfort香甜酒	雪克杯、雞尾酒
……… 30mℓ	
蔓越莓汁 ……… 20mℓ	
新鮮檸檬汁 ……… 10mℓ	

MAKING

1 全部材料和冰塊放入雪克杯搖盪。

2 倒入酒杯中。

以香甜酒為基酒

183

Propose

求婚

獻給相愛的兩個人
華麗的裝飾充滿祝福的意味

以熱帶風味的酒杯裝飾象徵求婚的甜蜜氣氛。這是日本京王Plaza飯店的鈴木克昌的作品，榮獲第20屆HBA基尾酒大賽的冠軍。

●RECIPE	糖漬櫻桃 ···············1個
百香果香甜酒 ······ 20㎖	●TOOL
杏仁香甜酒·········· 15㎖	雪克杯、雞尾酒杯、刺針
荔枝香甜酒·········· 5㎖	
鳳梨汁 ··············· 20㎖	
紅石榴糖漿·········· 1tsp.	
檸檬皮 ················ 1片	
小玫瑰 ················ 1個	

MAKING

1 把百香果香甜酒到紅石榴糖漿的材料加冰塊放入雪克杯中搖盪。

2 倒入酒杯中。

3 櫻桃插上小玫瑰，插入刺針上，再將檸檬皮打結，放入杯中。

La Festa

拉費斯塔

多采多姿的酒杯裝飾
美麗絕倫令人目不暇給

五彩繽紛的彩虹糖令人目不暇給，果汁風味令人百喝不厭。這是日本京王Plaza飯店的高野勝矢的作品，榮獲第22屆HBA雞尾酒大賽的冠軍。

●RECIPE	螺旋狀檸檬皮 ·······1條
山竹香甜酒············ 20㎖	糖漬櫻桃···············1個
Grappa白蘭地 ······ 10㎖	檸檬片···············1片
藍莓香甜酒·········· 10㎖	●TOOL
新鮮葡萄柚汁 ······ 20㎖	雪克杯、雞尾酒杯
紅石榴糖漿·········· 1tsp.	
彩虹糖 ················ 適量	
螺旋狀萊姆皮 ········ 1條	

MAKING

1 杯子側面沾取檸檬片的汁液，撒上彩虹糖。

2 依序倒入山竹香甜酒到紅石榴糖漿、冰塊放入雪克杯中搖盪。

3 把2輕輕倒入1的杯中，糖漬櫻桃插上螺旋狀的萊姆皮和檸檬皮，裝飾在杯緣。

Beer Nihon-shu Shochu

以啤酒、日本酒、燒酎為基酒

 plus

啤酒、日本酒、燒酎的基礎知識

採用「直接注入法」調配的雞尾酒當中，使用最多的材料就是啤酒，即使沒有任何工具也可以輕鬆調配。此外，日本酒、燒酎也可以和許多材料調配出美味可口的雞尾酒，不妨根據本章節所介紹的配方試著調配看看。

啤酒的歷史

啤酒的歷史可以遠溯到久遠的年代，據說早在紀元前三千年前，美索不達米亞就已經出現啤酒。不過，古時候的啤酒和現代啤酒有很大不同，是把小麥粉做成的麵包敲碎，加水發酵後製成啤酒。後來到了紀元六百年左右，除了使用小麥之外，已經懂得添加「啤酒花」，使啤酒帶有清爽的苦味。

到了十五世紀左右，德國已經確立和現代近似的啤酒製造技術；十九世紀左右，冷藏技術漸趨發達，原本沒有啤酒文化的亞洲人也開始喝起啤酒，因此，啤酒幾乎已經流傳到世界各地。

啤酒的種類

以發酵法來分類的話，可以分為「上面發酵型」和「下面發酵型」兩大類。

所謂「上面發酵型」，是在15~25度的溫度下讓酵母發酵，發酵結束時，酵母會漂浮在液體上面，這種釀造法就稱為「上面發酵型」。英國的Ale啤酒即屬於此類發酵的啤酒，味道比較香濃。

所謂「下面發酵型」，是在5~10度的溫度下讓酵母發酵，發酵結束時，酵母會沉澱在液體下面，這種釀造法就稱為「下面發酵型」。此類啤酒在發酵後只要採低溫冷藏，仍會繼續進行「後發酵」，所以，啤酒味道比較滑順調和。

 ## 啤酒的主要種類

上面發酵型

在15~25度的溫度下讓酵母發酵，發酵結束時，酵母會漂浮在液體上面，這種方法釀造出來的啤酒就稱為「上面發酵型」啤酒。由於採取高溫，發酵與熟成速度比較快速，不適合長期貯藏，所以，此類啤酒的香味比較濃厚而有個性。

【代表性的啤酒】
Lambic（比利時）、Pale ale（英國、美國等）、Stout（英國等）、Weizenbier（德國南部）等等。

下面發酵型

在5~10度的溫度下讓酵母發酵，發酵結束時，酵母會沉澱在液體下面，這種方法釀造出來的啤酒就稱為「下面發酵型」啤酒。發酵後在0度低溫下熟成一、兩個月，讓剩下的酵母進行「後發酵」，啤酒味道比較滑順調和。

【代表性的啤酒】
Plsener（德國、日本等等）、Wiener（德國）、慕尼黑（德國）、Lager（美國、日本）等等。

日本酒

日本酒的歷史

日本酒是由米、米麴、水釀造而成，早在紀元前的中國史書「魏志倭人傳」當中就紀載有關日本酒的情況，堪稱歷史悠久。距今約一千四百年前的大和時代，日本酒就是祭祀鬼神不可或缺的項目，到了平安時代，據說就已經確立了幾乎和現代沒有差異的釀造方法。

到了江戶時代，來自日本各地的日本酒齊聚到江戶一帶，已經成為大眾化的物品，不論品質與味道都已達一定的水準。直到昭和時代，日本政府開始課徵酒稅，才有了「一級、二級、特級」的階級分類。

日本酒的種類

依照釀造方法，將日本酒分為以下4大類。

種類	特徵
普通酒	米、米麴和水釀成酒，再添加食用酒精。
本釀造酒	精米率70%以下的白米、米麴和水釀成酒，再添加食用酒精。
純米酒	精米率70%以下的白米、米麴和水釀成酒。
吟釀酒	精米率60%以下的白米、米麴、水或是食用酒精釀造而成的。

燒酎

燒酎的歷史

燒酎是日本歷史最悠久的蒸餾酒，據說此蒸餾技術是由東南亞流傳到沖繩，沖繩的「泡盛酒」於焉誕生；後來又流傳到九州，於是燒酎的釀造就越趨旺盛。

根據文獻上的記載，人們最早飲用燒酎的記錄是在1559年的薩摩(現在的鹿兒島)。

不久之後，到了明治30年左右，開始引進歐洲的連續式蒸餾機，成功釀造出沒有異味且容易入喉的燒酎，自此以後，燒酎就成為日本人愛喝的酒類之一。

燒酎的種類

依照蒸餾的方式將燒酎分為「乙類」和「甲類」兩大類。

種類	蒸餾方法	特徵
燒酎乙類	以單式蒸餾機僅蒸餾1次。	使用麥、米、黑糖、蕎麥等不同的原料釀成，具有原料本身的風味。
燒酎甲類	以連續式蒸餾機蒸餾3～4次。	無味無臭，可以輕易搭配其他材料，所以很適合做為雞尾酒的基酒。

以啤酒、日本酒、燒酎為基酒

啤酒

用來做為雞尾酒基酒的啤酒，主要以下面發酵型的啤酒為主，但是，使用上面發酵型的Ale啤酒或黑啤酒的話，則可調出風味特殊的雞尾酒。

Bass Pale ale

口感滑順，味道均衡。

● 度數／5.1%
● 容量／355㎖

GUINNESS

泡末細膩、味道香醇的黑啤酒銘品。

● 度數／4.5%
● 容量／330㎖

SAPPORO黑牌生啤酒

麥味香濃、後韻清爽，深受啤酒迷的喜愛。

● 度數／5%
● 容量／633㎖

Heineken（海尼根）

風靡全世界的啤酒品牌，風味濃醇。

● 度數／5%
● 容量／330㎖

YEBISU

品質優良的啤酒，具有
100%麥芽的純濃香味。

- 度數／5%
- 容量／633㎖

HEARTLAND

沒有強勁的苦味，味道清爽
誘人。

- 度數／5%
- 容量／330㎖、500㎖

日本酒

選用日本酒來調配雞尾酒的時
候，應選用略帶辛辣、沒有強烈
味道的酒類。但是，日本酒的味
道原本就比較特殊，所以，必須
精心選用搭配的材料，並且注意
份量比例，才能彰顯日本酒的風
味。

月桂冠純米酒

具有水果香與圓潤的口感，
入喉之後會回甘。

- 度數／15%
- 容量／720㎖

燒酎

使用燒酎做為雞尾酒的基酒時，
應選用沒有特殊味道的燒酎甲
類。不過，燒酎乙類具有比較強
烈的口感與風味，調配出來的雞
尾酒也另有一番特殊風味。

燒酎 JAPAN

以甘蔗糖蜜和大麥為主要原
料釀造出具有圓潤口感的燒
酎。

- 度數／25%
- 容量／700㎖

Black Velvet

黑絲絨

酒色有如閃閃發亮的黑絲絨
滑順的口感令人瘋狂迷戀

香濃的黑啤酒具有焦糖一般的甜味與苦味，
和香檳酒的華麗口感堪稱絕配，調配出這道
具有黑絲絨般的高雅口感與風味。

RECIPE		TOOL
黑啤酒	1/2glass	香檳酒杯
香檳酒	1/2glass	

MAKING

1　事先把黑啤酒和香檳酒冰涼。

2　從杯子兩側輕輕倒入黑啤酒和香檳酒，倒滿為止。

A+C　2　

Red Eye

紅眼

啤酒的清爽口感和番茄汁的酸味
最適合在喝醉酒的隔天早上飲用

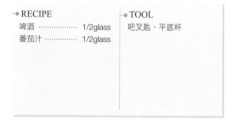

啤酒和番茄汁調配出的這道雞尾酒，非常適
合在宿醉且兩眼發紅的早晨飲用，故名為
「紅眼」。因可以幫助恢復體力，故又名
「復原雞尾酒」。

RECIPE		TOOL
啤酒	1/2glass	吧叉匙、平底杯
番茄汁	1/2glass	

MAKING

1　事先把啤酒和番茄汁冰涼。

2　番茄汁倒入平底杯中。

3　把啤酒倒滿，輕輕拌勻。

Beer Spritzer

啤酒蘇打

白葡萄酒和啤酒調配而成
美味又容易入口

同樣份量的白葡萄酒和啤
酒,再加上檸檬片,就調配
出這道具既有啤酒的美味,
又有白葡萄酒的成熟韻味。
附帶一提的是,酒名當中的
「Spritzer」,德文原意為
「開始」。

● RECIPE

白葡萄酒 ·························· 60*ml*
啤酒 ······························· 60*ml*
半月型檸檬片 ···················· 1片

● TOOL

葡萄酒杯

MAKING

1 白葡萄酒倒入酒杯,再倒滿冰涼
的啤酒。

2 檸檬片裝飾在杯緣。

Yorsh

躍昇

成熟風味的雞尾酒
最適合大口飲用

啤酒加上沒有特殊味道的伏
特加,保留了啤酒原有的美
味,同時也提高了酒精度
數,成為一杯口味強勁的雞
尾酒。不過,由於喝起來非
常清爽,請務必特別謹慎,
以免喝過量。

● RECIPE

伏特加 ·························· 120*ml*
啤酒 ······························· 適量

● TOOL

平底杯

MAKING

1 倒入3/4杯的啤酒。

2 再倒入伏特加。

＊通常使用帶有把手的啤酒杯。

Dog's Nose

狗鼻子

敏銳的狗鼻也派不上用場
口感清爽,千萬不可飲用過量

乍看下似乎是一杯啤酒,不
過,因為添加了澀味琴酒,
琴酒的特有風味和啤酒的苦
味,形成絕佳的搭配。提高
了酒精度數,後韻強勁,愛
喝酒的人絕對會愛上這杯雞
尾酒。

● RECIPE

澀味琴酒 ·························· 45*ml*
啤酒 ······························· 適量

● TOOL

啤酒杯

MAKING

1 澀味琴酒倒入酒杯中,再倒滿啤
酒。

以啤酒、日本酒、燒酎為基酒

Campari Beer

金巴利啤酒

帶一點微苦與微甘
最適合女性飲用

這道雞尾酒使用了義大利著名的CAMPARI香甜酒，加上啤酒之後，組合成一杯不同啤酒的苦味、風味獨特的雞尾酒。粉紅的酒色美麗動人，愛喝啤酒的女性一定要喝上一杯。

RECIPE
CAMPARI香甜酒 ·················· 30ml
啤酒 ······································· 適量

TOOL
啤酒杯

MAKING ―――

1 CAMPARI香甜酒倒入杯中，再倒滿啤酒。

Shandy Gaff

香堤

微甜的風味容易入口
受歡迎的啤酒雞尾酒

啤酒和薑汁汽水調配而成這道雞尾酒，材料簡單，卻很美味，令人百喝不厭。清爽的口感，入喉甜美又滑順，在眾多以啤酒調配的雞尾酒當中，屬於極受歡迎的雞尾酒。

RECIPE
啤酒 ······································· 半杯
薑汁汽水 ································ 半杯

TOOL
平底杯

MAKING ―――

1 事先把啤酒和薑汁汽水冰涼。

2 啤酒倒入杯中，再倒入薑汁汽水。

Red Wine Shandygaff

紅酒香堤

芳郁香醇的紅酒
和啤酒的苦味非常搭調

這是變型版的「香堤」，添加了紅葡萄酒，調配出更具成熟韻味的雞尾酒，更滑順且容易入口。紅葡萄酒的芳醇風味與酸味，再加上微微的澀味，使整杯雞尾酒充滿成熟的韻味。

RECIPE
紅葡萄酒 ····························· 1/3glass
薑汁汽水 ····························· 1/3 glass
啤酒 ···································· 1/3 glass

TOOL
吧叉匙、啤酒杯

MAKING ―――

1 紅葡萄酒、薑汁汽水和啤酒依照順序倒入酒杯中。

2 用吧叉匙輕輕拌勻。

A+B+C 6

Beermoni

摩尼啤酒

略帶苦味的清爽口感
充滿成熟風味的雞尾酒

將「泡泡」（Spumoni P180）當中的通寧汽水改為啤酒，即成為這道摩尼啤酒，口味比「泡泡」略苦，更具有成熟風味。滑順容易入口，不論餐前餐後都適合飲用這道雞尾酒。

→ RECIPE
CAMPARI香甜酒 ·············· 30㎖
新鮮葡萄柚汁 ················ 30㎖
啤酒 ·············· 適量

→ TOOL
吧叉匙、啤酒杯

MAKING

1 全部材料倒入杯中，用吧叉匙輕輕拌勻。

A+B+C 10

Red Bird

紅鳥

酒精度數不低
卻很適合用來解酒

伏特加和番茄汁組成的「血腥瑪麗」，再加上啤酒調配出這道略帶苦味的雞尾酒。酒精度數並不低，番茄汁的酸味和啤酒的碳酸融合了伏特加的刺激性，形成美味可口的雞尾酒。

→ RECIPE
伏特加 ·············· 45㎖
番茄汁 ·············· 60㎖
啤酒 ·············· 適量

→ TOOL
吧叉匙、平底杯

MAKING

1 事先把伏特加、番茄汁、啤酒冰涼。

2 把伏特加、番茄汁倒入酒杯中，再倒滿啤酒，輕輕拌勻。

A+B+C 7

Lunch Box

便當盒

香甜又略帶苦味
風味複雜卻容易入口

這道雞尾酒擁有一個可愛的名稱——便當盒，味道甜美，具有女性的風味。柳橙汁的酸甜和杏仁香甜酒的圓潤香氣，使啤酒的苦味更顯美味，令人百喝不厭。

→ RECIPE
杏仁香甜酒 ·············· 20㎖
柳橙汁 ·············· 30㎖
啤酒 ·············· 適量

→ TOOL
啤酒杯

MAKING

1 把啤酒以外的材料倒入酒杯中。

2 再把冰涼的啤酒倒滿杯子。

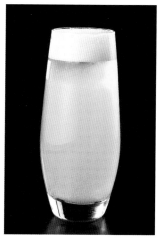

以啤酒、日本酒、燒酎為基酒

193

日式丁尼

日本酒和苦艾酒搭配成和風馬丁尼
日式和西式融合成獨特的風味

這道雞尾酒是將「馬丁尼」的琴酒改為日本
酒。日本酒豐富柔和的風味和苦艾酒特有的
風味非常搭調，更彰顯出日本酒的美味。

●RECIPE		●TOOL
日本酒	60mℓ	攪拌杯、吧叉匙、隔冰
澀味苦艾酒	3滴	器、刺針、雞尾酒杯
小洋蔥	1個	
檸檬皮	1片	

MAKING

1 日本酒、澀味琴酒和冰塊放入攪拌杯中，用吧叉匙拌
　勻。

2 蓋上隔冰器，倒入酒杯中。刺針插上小洋蔥，放入杯
　中，擠入檸檬皮的汁液。

武士

在溫和的水果香味中
可以感受到日本武士的強悍風味

日本酒加上萊姆汁和檸檬汁，使這道雞尾酒
充滿柑橘果汁的清爽香味與酸味。外表有點
近似「Gimlet」（琴蕾），入口卻是清爽的
風味。

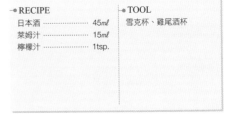

●RECIPE		●TOOL
日本酒	45mℓ	雪克杯、雞尾酒杯
萊姆汁	15mℓ	
檸檬汁	1tsp.	

MAKING

1 全部材料和冰塊放入雪克杯中搖盪。

2 倒入酒杯中。

A+B+B 29

Chu- tini

燒酎丁尼

燒酎版的馬丁尼
充分品嘗材料的風味

乍看下非常像真正的馬丁
尼,不過,這道雞尾酒是將
馬丁尼的澀味琴酒改為沒有
特殊異味的燒酎(白色蒸餾
酒),不僅保留苦艾酒、柑橘
苦精的風味,更彰顯燒酎的
風味。

● RECIPE
燒酎(白色蒸餾酒)·················· 50㎖
澀味苦艾酒·························· 10㎖
柑橘苦精 ························· 1dash
橄欖 ····························· 1個

● TOOL
攪拌杯、吧叉匙、隔冰器、雞尾酒
杯、刺針

MAKING
1 燒酎、苦艾酒、苦精和冰塊放入
攪拌杯中拌勻。

2 蓋上隔冰器,倒入酒杯中,刺針
插入橄欖放入杯中。

A+B+C 22

Satuma Komachi

薩摩小町

充分發揮芋燒酎的魅力
特有風味令人迷戀

芋燒酎具有強勁的口感,搭
配充滿柑橘香味的君度橙
酒、酸味的檸檬汁,調配出
這道迷人的「薩摩小町」。
鹽口杯的方式令這道雞尾酒
更加美味,充滿高雅氛圍的
薩摩(鹿兒島)風味。

● RECIPE
芋燒酎 ···························· 30㎖
君度橙酒 ························· 15㎖
檸檬汁 ···························· 15㎖
檸檬片 ····························· 1片
鹽 ······························· 少許

● TOOL
雪克杯、雞尾酒杯

MAKING
1 用檸檬片沾濕杯子邊緣,再沾
鹽,做成鹽口杯的狀態。

2 燒酎、君度橙酒、檸檬汁和冰塊
放入雪克杯中搖盪,倒入杯中。

A+C+C 9

Komekaru hot

燒酎可爾必思熱飲

兩種令人意外的組合
調成一杯奇蹟式的雞尾酒

燒酎和可爾必思這兩種令人
意外的組合,調配出這道清
爽風味的雞尾酒。採取熱飲
的方式使這道雞尾酒更顯甜
美,喝一口立刻全身暖呼
呼,令人感到全身輕鬆舒
暢。

● RECIPE
米燒酎 ···························· 45㎖
可爾必思 ························· 10㎖
熱開水 ··························· 倒滿

● TOOL
吧叉匙、熱飲杯

MAKING
1 米燒酎和可爾必思倒入杯中,再
倒滿熱開水。

以啤酒、日本酒、燒酎為基酒

195

Murasame

村雨

舉杯高喊「乾杯」
令人瞠目結舌的美味雞尾酒

「村雨」的日文原意是「驟雨」、「陣雨」，也就是突然下一場大雨後突然嘎然停止之意。這道雞尾酒以麥燒酎為基酒，搭配香郁的蜂蜜香甜酒和酸酸的檸檬汁，調成這道清爽的雞尾酒。

RECIPE
麥燒酎 ·························· 45mℓ
蜂蜜香甜酒 ·················· 10mℓ
檸檬汁 ·························· 1tsp.

TOOL
吧叉匙、古典酒杯

MAKING
1 大冰塊放入酒杯中，倒入全部材料，拌勻。

 14

Shunsetsu

春雪

使用日本獨特的材料
完全日本風味的雞尾酒

燒酎、綠茶香甜酒和可爾必思都是日本特有的酒類和飲料。這道「春雪」是活躍在各種雞尾酒大賽的上田和男的作品。清爽的甜味和綠色的酒色令人連想到晚春的白雪意境。

RECIPE
燒酎(白色蒸餾酒) ·········· 40mℓ
綠茶香甜酒 ·················· 10mℓ
可爾必思 ······················ 10mℓ

TOOL
雪克杯、雞尾酒杯

MAKING
1 全部材料和冰塊放入雪克杯中搖盪。
2 倒入酒杯中。

  A+B+C 18

Last Samurai

末代武士

芳郁的香味和清爽的口感
有如清高的武士風範

沒有特殊味道的米燒酎加上香味芳醇的櫻桃白蘭地，以及酸味清爽的新鮮萊姆汁，調配出這道令人意想不到的爽口風味，有如清高的武士風範，故名為「末代武士」。

RECIPE
米燒酎 ························· 30mℓ
櫻桃白蘭地 ··················· 15mℓ
新鮮萊姆汁 ··················· 15mℓ
櫻桃 ···························· 1個
萊姆皮 ·························· 1個

TOOL
雪克杯、雞尾酒杯

MAKING
1 燒酎、白蘭地、萊姆汁和冰塊放入雪克杯中搖盪。
2 倒入酒杯後，放入櫻桃，擠入萊姆皮的汁液。

Knowledge of *Cocktail*

雞尾酒的基礎知識

measure cup

shaker

cocktail glass

mixing glass

bar spoon

雞尾酒的分類

Cocktail

根據不同的材料、調配方法、酒的溫度、飲用方式等等，即可產生不同口味的雞尾酒。想要調配出美味可口的雞尾酒，必須先了解雞尾酒的調配方式。

根據調配方式來分類

沙瓦
Sour

Sour的英文原意為「酸的、酸味的」。主要是以蒸餾酒為基酒，再添加酸味的檸檬、萊姆等柑橘類果汁、甜的紅石榴糖漿等等調製而成的。「威士忌沙瓦」、「白蘭地沙瓦」是最具代表性的此類雞尾酒。

可林
Colins

以蒸餾酒為基酒，加上檸檬等柑橘類果汁和甜甜的石榴糖漿，經過雪克杯搖盪之後，再加蘇打水混合。可林和「費士」的不同之處在於必須用可林杯來盛裝。

費士
Fizz

「費士」(Fizz)是碳酸蘇打水的氣泡聲音。也就是以蒸餾酒或混合酒做為基酒，加上柑橘類果汁、石榴糖漿等糖水，先經過搖盪（Shake），再加入蘇打水稀釋。「琴費士」是主要代表。

托迪
Toddy

所謂「托迪」(Toddy)是以蒸餾酒做為基酒，加入蜂蜜、砂糖等甜味，再加開水或熱開水加以稀釋成冷飲或熱飲。熱飲時也可添加肉桂、丁香等香料。「熱威士忌托地」是主要代表。

利奇
Rickey

以蒸餾酒為基酒，加入檸檬、萊姆等柑橘類果汁，再加蘇打水加以稀釋。杯中擺放攪拌棒，邊喝邊用攪拌棒搓壓檸檬片或萊姆片是「利奇」(Rickey)的喝法。主要特色是不加糖或其他甜料。

冰涼酒
Julep

杯底先鋪一層碎冰塊，注入基酒和薄荷嫩葉，再添加已混勻的甜味料。這是美國南方流傳已久的雞尾酒，尤其以威士忌做為基酒最受歡迎。

芙萊蓓
Frappe

芙萊蓓又分為兩種型態，一種是在杯底鋪一層碎冰塊，再注入其他材料；另一種是把碎冰塊和其他材料一起搖盪再倒入杯子。芙萊蓓(Frappe)是法文，原意是「冰涼」。

司令
Sling

Sling是德文，原意為「喝」。以蒸餾酒為基酒，加上檸檬等柑橘類果汁，再加紅石榴糖漿，經過搖盪後再加蘇打水稀釋，喝起來滑順又可口。

加冰塊
On The Rocks

顧名思義，也就是在古典酒杯中放一塊像岩石般的冰塊，再由上注入蒸餾酒或混合酒。調配方法很簡單，又稱為「Over Ice」。

漂浮
Float

使用2種以上的酒類或材料，由比重較大的先注入杯中，使其在杯中形成明顯的層次又不會混合在一起。最有名的就是最後會漂浮一顆冰淇淋的「白色俄羅斯」（White Russian）。

霜凍
Frozen Style

「霜凍戴吉利」（Frozen Daiquiri）、「高爾基公園」（Gorky Park）是此型最著名的雞尾酒。把材料和碎冰塊放入果汁機中，打成泥狀再盛入杯子。利用碎冰塊的多寡來決定霜凍的軟硬程度。

可伯樂
Cobbler

鞋匠常用此種飲料解渴潤喉，乃將此類雞尾酒取名為「Cobbler」（Cobbler英文原意是「鞋匠」）。在大型的平底杯中鋪一層碎冰塊，注入基酒、葡萄酒、香甜酒、砂糖，杯子通常會裝飾水果或薄荷葉。

普施
Pousse Style

將數種烈酒或香甜酒、鮮奶油等由比重較大的注入杯中，形成2層以上不同顏色的雞尾酒，使看起來層次分明又不會混合在一起。最後插一根吸管，可依照自己的喜好，愛吸哪一層就吸哪一層。

酷樂
Cooler

以蒸餾酒或葡萄酒做為基酒，再加入柑橘類果汁或
倒入滿滿的蘇打水。「基爾」（Kir）、「含羞草」
(Mimosa)是此類雞尾酒的代表，無酒精雞尾酒的配方
中很多屬於此種型態。

蛋酒
Eeg Nogs

原本是美國南方人在聖誕節飲用的，使用蒸餾酒或混
合酒加上蛋、牛奶和砂糖調製而成，分為有酒精與無
酒精兩種，通常在加熱後飲用。

戴茲
Daisy

基酒加上柑橘類果汁、紅石榴糖漿、砂糖等甜味料、
或是添加香甜酒調製而成的雞尾酒；有些則是加小蘇
打稀釋。最具代表性的有「琴戴茲」。

 ## 由溫度來分類

冷飲
Cold Drinks

顧名思義就是冰涼的飲料，幾乎所
有的雞尾酒都屬於冷飲類，有的是
利用碎冰塊加以冷卻，有的是先把
材料冰涼之後再使用。

熱飲
Hot Drinks

溫熱後飲用的雞尾酒即稱為熱飲，主
要功效是使身體保暖達到全身放鬆的
效果，並可滋養身體。此類雞尾酒通
常會在名稱的最前面加上「Hot」，
最有名的是以威士忌做為基酒的「Hot
whisky toddy」（熱威士忌托地）。

由飲用時間的長短來分類

短飲
Short Drinks

此類飲料可飲用的時間較短,通常使用雞尾酒杯或香檳酒杯,倒入杯子的份量以3~4口可以飲盡為原則,且調配之前最好先將材料冰涼。

長飲
Fizz

此類飲料可以長時間飲用,即使超過半小時也不致影響原味。通常使用較大的平底杯或可林杯。添加大量碎冰塊或是碳酸飲料的雞尾酒多數屬於此類。

根據飲用的時間帶來分類

餐前酒
Aperitif Cocktail

專指適合飯前飲用、稍微帶一點辛辣味的「短飲」式雞尾酒,甜味較低、口味比較清爽、略帶酸味與苦味,餐前飲用可以促進食欲。主要代表有「曼哈頓」、「基爾」等等。

餐後酒
After Dinner Cocktail

專指適合餐後飲用的雞尾酒,用來更換口味、促進消化或代替甜點的作用。「綠色蚱蜢」(Grasshopper)是主要代表,使用薄荷香甜酒調製而成的。味道清爽、略帶甜味且酒精度數較高的雞尾酒比較適合做為餐後酒。

全天候雞尾酒
Allday Cocktail

不論餐前或餐後，一整天都適合飲用的雞尾酒，例如「琴湯尼」、「鹹狗」等長飲式（Long drink）雞尾酒皆屬於全天候雞尾酒。

超級雞尾酒
Supper Cocktail

又名「宵夜雞尾酒」，也就是適合在半夜之前飲用的雞尾酒，酒精度數比較高、也比較辛辣。

睡前酒
Night Cap Cock

顧名思義，睡前酒就是誘發睡意的雞尾酒，可促進全身放輕鬆。酒精度數高和熱飲（Hot Drink）式雞尾酒皆屬此類。

香檳雞尾酒
Champagune Cocktail

專指使用香檳酒調配而成的雞尾酒，主要在宴席供應。最常見的有「皇家基爾」、「香檳雞尾酒」等等。

開胃酒
Club Cocktail

專指主菜之前做為開胃小菜之用的雞尾酒，利如以牛肉湯調製而成的「公牛砲彈」（Bull Shot）即是最主要的代表。

雞尾酒的基礎知識

雞尾酒的用具

調配雞尾酒的基本方法共計四種：「搖盪法」（Shake）、「攪拌法」（Stir）、「直接注入法」（Build）、「混合法」（Blend，又稱電動攪拌法）。充分了解各種用具的性能與用法，才能調配出美味的雞尾酒。

Shaker
搖盪法

談到雞尾酒，首先就會想到雪克杯，同時還會令人聯想到調酒師手搖雪克杯的優雅姿勢。雪克杯可以調配許多種雞尾酒，所以，如果你想嘗試調配雞尾酒，首先一定要擁有一把雪克杯。

雪克杯的構造

頭部
也就是蓋子的部分。裝入雞尾酒的材料之後，就要套上蓋子。

過濾器
調好的雞尾酒倒入杯子時，可濾掉雜質與泡末，只倒進液體。

杯身
把材料或冰塊放進杯身中。

如何選購雪克杯

選購雪克杯的首要重點就是挑選大小。雪克杯又分為大、中、小三個種類，初學者通常會選購小型的雪克杯，然而這卻是錯誤的選擇。因為小型雪克杯將難以放入冰塊，所以，初學者最好還是選擇中或大型的雪克杯。

其次，雪克杯通常都是用不銹鋼製成的，另外還有一種玻璃製成的「波士頓雪克杯」，玻璃雪克杯比不銹鋼更不易冷卻，又容易損壞，因此，初學者最好還是選擇不銹鋼製品比較保險。

如何使用雪克杯

希望擺出漂亮的搖酒姿勢的話，就要學會正確的雪克杯基本用法。首先用右手（慣用手）拇指壓著蓋子，其他四指握住杯身，用左手中指支撐杯底。

特別要注意的是，手掌絕對不可緊貼杯身，否則會將手掌的溫度傳到杯身，造成杯中的材料溫度升高。

此外，持拿雪克杯時應保持雙手乾燥，濕手容易造成手滑，甚至把雪克杯摔出去。

雪克杯的拿法

1 把材料和冰塊放入杯身，蓋上過濾器。

2 再把蓋子緊緊套在過濾器上面。

3 用右手（慣用手）拇指壓著蓋子，其他四指握住杯身。

4 用左手中指支撐杯底，食指與拇指輕輕貼放杯身。

雞尾酒的基礎知識

Measure Cup

量酒器

材料份量稍有不同，調配出的雞尾酒味道將會有所改變，所以，調配雞尾酒之前，一定要準備一個準確的量酒器。選購量酒器時，務必選擇使用起來比較順手的種類。

如何選購量酒器

量酒器可以迅速又準確的量出調配雞尾酒所需的材料，除了下圖所示的形狀以外，市面上還可以買到U型的量酒器，可視自己的喜好來選購。

量酒器分為上下兩個不同大小的量杯，可用來計量材料的份量，一般常用的量杯為45ml和30ml，另外還有60ml和30ml、30 ml和15ml的組合。

總之，量酒器是調配雞尾酒不可缺少的用具，應該選擇一個使用起來方便又順手的大小。

量酒器的份量

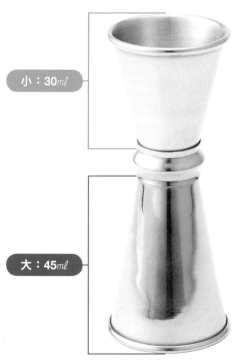

小：30㎖

大：45㎖

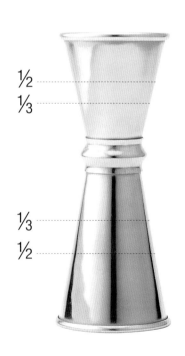

½
⅓

⅓
½

量酒器的用法

持拿量酒器的基本姿勢是用手指夾住量酒器的中間，以免手指的熱氣傳遞到量酒器裡的材料。

專業調酒師通常都用中指與食指夾住量酒器的中間進行調酒，但是對於不熟練的人而言，此種動作反而會因為缺乏穩定性而打翻量酒器，因此，初學者最好還是用拇指和食指夾住量酒器的中間。

此外，把材料注入量酒器時，一定要準確掌握份量，才能調配出美味的雞尾酒。稍一不慎打翻或造成材料溢出的話，將會改變雞尾酒的味道，請務必小心謹慎。

容量表

½	30㎖（1小杯）
⅓	20㎖（⅔小杯）
⅔	40㎖（小於1大杯）
¼	15㎖（½小杯）
2/4	30㎖（1小杯）
¾	45㎖（1大杯）
⅕	12㎖（小於⅓小杯）
⅖	24㎖（小於⅔小杯）
⅗	36㎖（小於½大杯）
⅘	48㎖（小於1大杯）
⅙	10㎖（⅓小杯）
2/6	20㎖（⅔小杯）
3/6	30㎖（1小杯）
4/6	40㎖（小於1大杯）
5/6	50㎖（小於1大杯）

※½～⅚的份量是以一杯雞尾酒杯（60㎖）的份量換算而成的。

量酒器的拿法

【一般的拿法】
拇指和食指夾住量酒器的中間。

【專業的拿法】
中指與食指夾住量酒器的中間。

用法

把材料緩緩注入量酒器。

手背朝後翻轉，把量酒器的材料倒入雪克杯。

攪拌杯、隔冰器

調配馬丁尼、曼哈頓、吉普生等著名的雞尾酒時,攪拌杯與隔冰器是絕對不可缺少的用具。只要備妥這兩種工具,即可增加調製雞尾酒的種類。

攪拌杯

這是用厚玻璃製成的攪拌杯,又稱為「刻度調酒杯」。把冰塊與材料放入其中,可以迅速冷卻。使用攪拌杯

調製而成的知名雞尾酒包括有:馬丁尼、曼哈頓等等,而且只要備有攪拌杯,即可調配出許多雞尾酒。

攪拌杯的部位名稱

杯緣

杯子邊緣有一個突出的尖嘴,是用來倒出材料的。放入雞尾酒的材料之後,這裡可以擺放隔冰器。

杯底

選用杯底呈渾圓狀,攪拌起來比較順手。

杯身

選用厚杯身的攪拌杯。市面上有各種不同大小尺寸,選擇自己合用即可。

隔冰器

　攪拌杯調好的雞尾酒即將倒入酒杯時，必須在攪拌杯上擺放隔冰器，阻絕冰塊或其他物質倒入酒杯中。所以，攪拌杯和隔冰器就成為哥倆好，缺一不可。

　使用隔冰器時，必須用手指按住，以免攪拌杯中的材料與冰塊掉進酒杯裡。

隔冰器的部位名稱

彈簧

把這個部位固定放在攪拌杯的內側，過濾掉冰塊與雜質。

匙身、濾網

主要功用是濾掉攪拌杯中的冰塊與雜質。

攪拌杯與隔冰器的用法

1 攪拌杯放半杯冰塊。

2 右手（慣用手）食指按住隔冰器的匙身，其餘四指握住攪拌杯。

3 左手按住雞尾酒杯，慢慢注入調好的雞尾酒。

Bar spoon

吧叉匙

攪拌、直接注入或是電動攪拌等調製雞尾酒的方法都會利用到吧叉匙，吧叉匙不僅可用來混合雞尾酒的材料，並可做各種不同的用途，所以，吧叉匙是調配雞尾酒不可缺少的工具。

什麼是「吧叉匙」

吧叉匙是非常方便好用的用具，不僅可以自瓶子取出橄欖或櫻桃等水果，攪拌、直接注入或是電動攪拌等調製雞尾酒的方法都會利用到吧叉匙。

吧叉匙的兩端分別為小舀匙與叉子，舀匙部位的功能是攪拌與計量份量（1匙就是1tsp.）；叉子部位可用來取出橄欖、櫻桃等水果。

一般的湯匙或茶匙的柄部都很短，不方便用來攪拌，所以，務必準備一把吧叉匙。

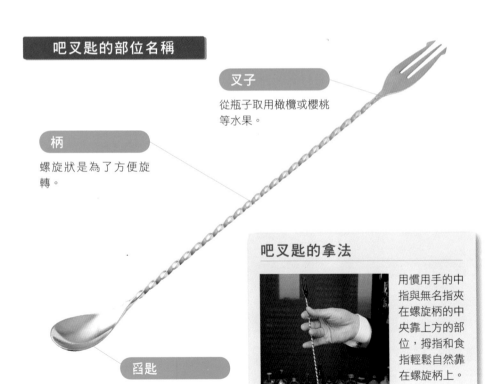

吧叉匙的部位名稱

叉子
從瓶子取用橄欖或櫻桃等水果。

柄
螺旋狀是為了方便旋轉。

舀匙
可用來攪拌與計量材料的份量，1匙等於1tsp.。

吧叉匙的拿法
用慣用手的中指與無名指夾在螺旋柄的中央靠上方的部位，拇指和食指輕鬆自然靠在螺旋柄上。

電動攪拌機（果汁機）

調製霜凍狀雞尾酒的時候，必須用到電動攪拌機，不過，一般家用果汁機即可替代電動攪拌機的功能。

電動攪拌機

採用「混合法」（Blend）調製雞尾酒的時候，需要用到「電動攪拌機」，不過，酒吧用的稱為「電動攪拌機」，家庭中則可用果汁機替代。

Blend的原意是「混合」，主要用於製作霜凍狀的雞尾酒，也就是把雞尾酒的材料和冰塊一起打成霜凍狀。

製作霜凍雞尾酒時，並非一次就倒進全部的冰塊，一開始只倒入少量冰塊，然後再視情況慢慢增加。

啟動開關之前，一定要注意蓋子是否已經拴緊，而且全程都要把蓋子蓋緊，以免在攪拌時材料飛溢出來。

電動攪拌機的部位名稱

蓋子

啟動開關之前，一定要注意蓋子是否已經拴緊，以免在攪拌時材料飛溢出來。

攪拌杯

放置材料的部位。市面上有許多不同大小的機種，由於調配雞尾酒的份量通常不多，選用小型機種比較好用。

電源

啟動開關才能夠攪拌材料。

其他的**用具**

調配雞尾酒時，務必備妥各種器具，才能夠調出美味又漂亮的雞尾酒。以下所介紹的各種器具並非一定要備齊，但是若想充分享受到調酒樂趣，最好能夠備妥各種用具。

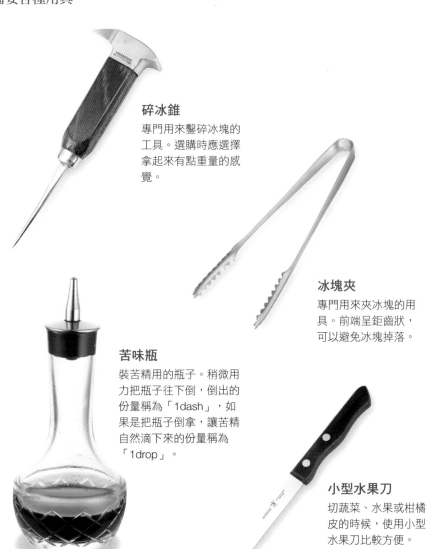

碎冰錐

專門用來鑿碎冰塊的工具。選購時應選擇拿起來有點重量的感覺。

冰塊夾

專門用來夾冰塊的用具。前端呈鉅齒狀，可以避免冰塊掉落。

苦味瓶

裝苦精用的瓶子。稍微用力把瓶子往下倒，倒出的份量稱為「1dash」，如果是把瓶子倒拿，讓苦精自然滴下來的份量稱為「1drop」。

小型水果刀

切蔬菜、水果或柑橘皮的時候，使用小型水果刀比較方便。

雞尾酒刺針
可以用來穿刺橄欖、糖漬櫻桃、水果片，再用來裝飾雞尾酒杯。

榨汁器
可用來榨取檸檬、葡萄柚等水果的果汁。

專業開瓶器
外型像瑞士刀，一端是小刀，可以割去紅酒瓶上錫箔封瓶部分，另一端是玻璃瓶開瓶器，螺旋部分可以摺疊起來。

酒瓶塞
紅酒、香檳或碳酸飲料開過之後，應立刻用酒瓶塞封住，以免氣味跑掉。

攪拌棒
可用來調製雞尾酒，或是插在雞尾酒杯做為裝飾。

吸管
主要用在霜凍雞尾酒或熱帶雞尾酒。準備各種顏色與粗度的吸管做為裝飾雞尾酒之用。

酒杯的分類

雞尾酒杯可以分為許多種，不同的雞尾酒就要使用不同的酒杯，一旦誤用，反而糟蹋了精心調製的雞尾酒。所以，請務必特別注意酒杯的選用。

 高腳型酒杯

雞尾酒杯

照片中是一般最常見的倒三角形酒杯，另外也有略帶圓形曲線的酒杯，是雞尾酒杯的主要代表，常用來盛裝馬丁尼等著名的雞尾酒。不宜選用太大的酒杯，以免喝不完或是容易傾倒。

香檳酒杯

香檳酒杯又分為廣口型和細長型兩大類。廣口型的杯口比較大，適合用來盛裝霜凍狀的雞尾酒以及以香檳酒為基酒所調製的雞尾酒。細長型的杯口較窄，杯身細長，適合用來盛裝會產生氣泡的雞尾酒，可以表現出氣泡向上冒的美麗景致。

葡萄酒杯

專指口徑6.5公分以上的酒杯，主要用來盛裝以葡萄酒為基酒的雞尾酒，也適合盛裝沙瓦(Sour)、芙萊蓓(Frappe)、戴茲（Daisy）之類的雞尾酒。

平底型酒杯

古典酒杯

又稱為「老式杯」，底部沉重又具有安定感，最常用於加冰塊的酒類，容量約有180~300m𝓁。

可林杯

主要特徵是杯身高、口徑小，常用來盛裝「可林」(Colins)類雞尾酒，一般常用的容量為360~480m𝓁。

坦布勒杯

屬於平底杯，比較常用的容量為8盎斯和10盎斯，8盎斯（240m𝓁）是一般常用杯，10盎斯(300m𝓁)則是國際調酒師協會(IBA)的主流。

酒杯的拿法

【高腳杯】
拇指與食指夾住長柄的部位，其餘三指很自然的貼放在酒杯上。手指碰觸到酒杯部分是不合禮儀的拿法。

【平底杯】
手指應放在杯子下方三分之一的部位，避免拿在中央以上的部位。

酒杯的擦拭方法

1
用乾淨的布包住杯子底部，另一端插入杯子裡面。

2
一邊轉動酒杯，一邊擦拭裡面，手指絕對不可碰觸到酒杯。

搖盪的要領

Cocktail

「搖盪法」（Shake）是最常看到的雞尾酒調配法，不過，「搖盪法」並非只是用手隨便搖晃即可，一定要記住正確的搖盪要領。

何謂「搖盪法」（Shake）

所謂「搖盪法」（Shake），就是搖動、震動的意思，也就是把雞尾酒的材料和冰塊放入雪克杯中，再以搖動的方式使其混合。

「搖盪法」的優點是，即使是很難融合的材料（例如香甜酒和鮮奶油等等），可以藉由搖動雪克杯使其完全融合在一起；而且又可以同時加入冰塊，讓材料迅速降溫，酒杯不需要再放冰塊即可立即飲用，所以，是「短飲」（short drink 指此類雞尾酒可飲用的時間較短，須在15至25分鐘內喝完）常用的雞尾酒調製法。

再者，搖盪雞尾酒的材料時，同時也會把空氣混合進去，因此，即使是酒精濃度高的雞尾酒，喝起來仍然會覺得很順口。

「搖盪法」的要領

【必備用具】

量酒器

雪克杯

1 利用量酒器把量好的材料放入雪克杯中。

2 放入冰塊至八～九分滿。

3 套上雪克杯的過濾器。

4

再套上蓋子。

7

再度把雪克杯拉回原來的位置。

5

雙手穩穩拿住雪克杯，放在左胸前方。

8

把雪克杯朝斜下方推出去。共反覆做五、六次。

6

把雪克杯朝斜上方推出去。

9

取下蓋子，用右手（慣用手）拇指與食指按住過濾器，左手按住杯子底座，再緩緩把雞尾酒倒入酒杯中。

攪拌法的要領

把冰塊和材料放入攪拌杯,再用吧叉匙加以攪拌的方法就稱為「攪拌法」（Stir）。「攪拌法」和「搖盪法」最大的不同之處是,「攪拌法」是利用吧叉匙把材料攪拌均勻。因此,只要學會「攪拌法」,就可以成為調配雞尾酒的好手。

何謂「攪拌法」（Stir）

把冰塊和材料放入攪拌杯,再用吧叉匙加以攪拌的方法就稱為「攪拌法」（Stir）。

Stir的原意就是「攪拌」,利用吧叉匙攪拌雞尾酒的材料,即可將材料的酒感與風味完全表現出來。

「攪拌法」的做法很簡單,就是用吧叉匙進行攪拌而已。動作雖然簡單,然而吧叉匙的轉動次數與時間,將會影響到冰塊溶出的水量,所以也不宜過度攪拌。

攪拌的要領是,將吧叉匙的匙背部位貼著杯子內側順暢的轉動。千萬不可隨意轉動吧叉匙,否則將會加速冰塊溶化而流出過多水分。

每次攪拌過後,一定要把攪拌杯、隔冰器等器具清洗乾淨並瀝乾水分,才能再繼續調製其他的雞尾酒,以免混到其他材料的味道。

「攪拌法」的要領

【必備用具】

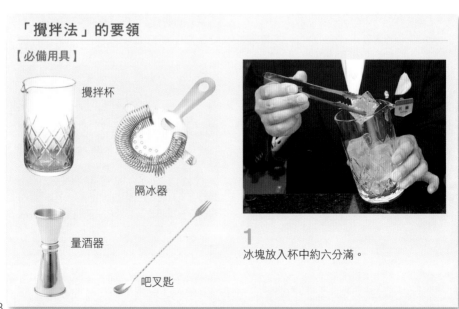

攪拌杯

隔冰器

量酒器

吧叉匙

1 冰塊放入杯中約六分滿。

2

倒入水，用吧叉匙轉動幾下，讓冰塊稍
微溶解。

3

蓋上隔冰器，倒掉水分。這個動作可以
防止雞尾酒含太多水分。

4

拿開隔冰器，用量酒器緩緩把材料注入
攪拌杯中。

5

左手指尖輕輕按住杯底，吧叉匙的匙
背緊貼杯子裡側輕輕放入杯內。

6

吧叉匙的匙背貼著杯子內側轉動，快
速轉動冰塊與材料。

7

蓋上隔冰器，右手（慣用手）的食指按
住隔冰器，左手輕按杯底，再緩緩注入
雞尾酒。

直接注入法的要領

所謂「直接注入法」（Build），是雞尾酒最簡單也是最基本的調配法，直接把材料放入杯中即可。由於做法很簡單，初學者也可輕易調配出來。

何謂「直接注入法」

把雞尾酒的材料放入杯中攪拌幾下，就是「直接注入法」（Build）。

尤其是調配含碳酸飲料的雞尾酒時，更是經常用到「直接注入法」。也就是把冰塊放入杯中，再直接倒入材料，就可輕易調配好。

碳酸飲料容易產生氣泡，所以不論雪克杯的「搖盪法」、「電動攪拌法」或是用吧叉匙攪拌的「攪拌法」都是不適用的。

採用「直接注入法」的話，必須特別注意的是連續調配數杯雞尾酒時，每一次都要把吧叉匙洗乾淨，以免沾到不同材料的味道而影響到雞尾酒的風味。

「直接注入法」的要領

【必備用具】

量酒器

吧叉匙

1 把冰塊放入已事先冰涼的杯中。

2 用量酒器把材料緩緩注入杯中。

3 左手輕按杯底，自杯子邊緣輕輕放入吧叉匙。

4 輕輕轉動吧叉匙，再由杯子邊緣輕輕抽出吧叉匙。

混合法的要領

使用果汁機（或是電動攪拌機）來調製雞尾酒，就稱為「混合法」（Blend）。尤其是調配霜凍狀雞尾酒時，一定要用到這個方法，所以請務必學會其中要領。

何謂「混合法」（Blend）

「混合法」（Blend）又稱為「電動攪拌法」，也就是利用果汁機將材料加以攪拌與混合的方法。

尤其是調配霜凍狀雞尾酒時，一定要用到這個方法。此外，也可以把草莓、香蕉、奇異果冷凍之後，直接和其他配料一起打成霜凍狀的雞尾酒。

需要調配大量雞尾酒的時候（例如舉辦宴會），也可以利用果汁機來調製雞尾酒。

「混合法」的要領

【必備用具】

吧叉匙

果汁機　　　　　量酒器

2 蓋上蓋子，啟動開關。

1 打開果汁機的蓋子，放入材料與冰塊。

※把一個平底杯裝滿碎冰塊，其中的八成倒入果汁機，其餘的再視情況加入，藉以調整軟硬的程度。

3 利用吧叉匙把打好的雞尾酒倒入酒杯中。

冰的種類

冰塊可用來冷卻雞尾酒的溫度，也是調配霜凍雞尾酒的必備材料。使用不同形狀與大小的冰塊，所調配出的雞尾酒味道將會有很大的不同。因此，調配雞尾酒之前，務必徹底了解各種雞尾酒所適用的冰塊大小與形狀。

冰塊的選擇與用法

調配雞尾酒最好使用市售的碎冰塊，如果用自來水結成的冰塊，將會因自來水所含的漂白水味道而破壞雞尾酒的風味。

此外，冰塊含氣泡就容易溶解，家用冰箱製冰盒所做成的冰塊比市售冰塊的溶解速度快，因此並不適合用來調製雞尾酒。

如果需要用到小冰塊的話，可用碎冰錐把「裂冰」（Cracked Ice）敲碎。避免直接用手取拿冰塊，否則手上的髒汙容易沾到冰塊上，最理想的做法是利用冰塊夾取拿冰塊。

製作小冰塊的方法

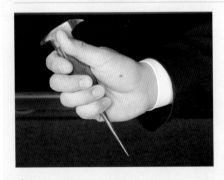

1
右手（慣用手）緊握碎冰錐。

2
如照片所示，左手拿著冰塊，雙手的手腕緊貼在一起，再用碎冰錐把冰塊鑿碎。

※手腕碰在一起時，應小心謹慎把碎冰錐鑿在冰塊中央，千萬別刺到自己的手。

冰的種類

裂冰
Cracked Ice

利用碎冰錐把方形大冰塊（Block of Ice）鑿成 2.5cm～3 cm的小冰塊。這是雞尾酒最常用的冰塊種類。

大圓冰塊利奇
Lump of Ice

利用碎冰椎把方形大冰塊（Block of Ice）鑿成比拳頭小的冰塊。經常使用在「On the rock」（加冰塊）的雞尾酒當中。

方塊冰
Cubed Ice

利用製冰機製成的立方體冰塊，使用方法與「裂冰」相同。

碎冰塊
Crushed Ice

用乾淨的布把方塊冰或裂冰包起來，再用碎冰錐的鈍頭把冰塊敲成碎冰狀。

鹽口杯、糖口杯的做法

鹽口杯（糖口杯）的英文是「Snow style」，亦即在杯口沾上鹽或糖的做法。許多雞尾酒採用這個方法，最著名的就是「鹹狗」（Salty Dog），請務必記住其中要領。

鹽口杯、糖口杯的做法

1 在平盤上鋪放一層薄薄的鹽或糖，使其呈小小的隆起狀。

3 杯口朝下，在盤上輕輕壓一下或轉一下。

2 杯口以45度的角度在切半的檸檬上轉一圈。

4 杯子往上提起，杯口上就有一圈鹽或糖，用手指輕彈杯腳，彈掉多餘的鹽或糖。

柑橘皮的切法與擠汁法

利用檸檬皮、萊姆皮等柑橘類果皮增添雞尾酒的香味,使雞尾酒更加清爽,喝起來更滑順,所以,請務必記住正確的方法。

 ## 柑橘皮的切法

1 用水果刀把檸檬皮或萊姆皮切成適當大小。

3 切除柑橘皮的兩側,切成完整的形狀。

2 切除內側的白色部分。

4 配合柑橘皮的大小切出漂亮的外形。

 ## 柑橘皮擠汁的方法

1 柑橘皮的外側朝外壓在食指的指腹下,再用拇指和中指夾住兩側。

45°

2 用拇指和中指夾住,以45°朝向杯子把汁液擠入雞尾酒中。

雞尾酒的基礎知識

225

雞尾酒的**配料**

Cocktail

果汁、汽水、水果、糖漿等配料可以提升基酒的風味，也是調製美味雞尾酒所不可缺少的，所以，請務必熟記這裡介紹的配料，才能夠調製出美味又風味十足的雞尾酒。

無酒精飲料

Soft Drinks

「無酒精飲料」（**Soft Drinks**）是影響雞尾酒的主要因素，調酒者必須懂得基酒的特性，再搭配合適的無酒精飲料來調製出美味的雞尾酒。

礦泉水
mineral water

礦泉水常用於製作冰塊、調製「漂浮威士忌」或是「熱威士忌托地」。調製雞尾酒宜使用沒有異味的軟水，自來水的漂白水味道恐怕會破壞雞尾酒的味道，請盡量避免使用。

蘇打汽水
soda

沒有甜味與酸味的碳酸汽水。只要添加蘇打汽水就可以輕易調製出美味的雞尾酒，例如「Gin Rickey」（琴利克）就是用蘇打水調配而成。

通寧汽水
tonic water

通寧汽水是一種軟性氣泡飲料，使用以奎寧為主的香料作為調味，帶有天然的植物性苦味，經常被用來調製「Gin Tony」（琴湯尼）。

薑汁汽水
ginger ale

帶有薑味的碳酸飲料，略帶甜味，味道清爽為主要特徵。經常用來調製「Moscow Mule」（莫斯科騾子）、「Horse's Neck」(馬頸)等雞尾酒。

可樂
cola

可樂具有獨特的甜味與風味，屬於近黑色的碳酸飲料，「Cuba Libra」（自由古巴）就是用可樂調製而成。

番茄汁
tomato juice

用番茄榨成的果汁就是番茄汁，是「Bloody Mary」（血腥瑪莉）的主要配料。市售的罐裝番茄汁又分為加鹽與無鹽兩種，調製雞尾酒宜選用不加鹽的番茄汁。

牛奶
milk

用牛奶調製雞尾酒可以增加濃郁滑順的口感，「One More For The Road」（行前再乾一杯）的主要配料就是牛奶。

果汁
fruit juice

把柳橙、葡萄柚等水果直接榨汁使用，也可以選用市售的罐裝果汁。選用罐裝果汁的話，宜選購百分之百的純果汁。

水果、蔬菜

水果與蔬菜是裝飾與榨汁不可缺少的材料，可以增添雞尾酒的風味，並可將雞尾酒裝飾得豪華美麗。因此不妨多加利用。

紅心橄欖

紅心橄欖是醃漬橄欖，帶一點苦和鹹，一般是用刺針插住紅心橄欖，再放入雞尾酒杯中，「馬丁尼」就會用到紅心橄欖做為裝飾。

小洋蔥

小洋蔥外型袖珍，所以又有「珍珠洋蔥」之稱。一般是用刺針插住再放入酒杯。

檸檬

榨成檸檬汁，亦可切片或切成各種形狀做為裝飾用。「鹽口杯」或「糖口杯」常會利用到檸檬。

萊姆

萊姆的用法同於檸檬，可以榨汁，亦可切片或切成各種形狀做為裝飾用。「鹽口杯」或「糖口杯」常會利用到萊姆。

洋芹

洋芹具有獨特香味，亦可作為「血腥瑪麗」裝飾，有時也用來攪拌調好的雞尾酒。

小黃瓜

小黃瓜具有清香味，可以切成條狀裝飾雞尾酒杯，例如「Moscow Mule」（莫斯科騾子）就會用小黃瓜來裝飾。

葡萄柚

可以榨出新鮮果汁，亦可切成適當大小做為裝飾用。

柳橙

可以切成適當大小做為裝飾用，或是榨汁。

鳳梨

可以切成適當大小做為裝飾用，呈現熱帶氛圍。

草莓

可以切成適當大小做為裝飾用，或是放入冰箱冷凍後，放入果汁機打成霜凍狀。

奇異果

可以切成適當大小做為裝飾用或是打成果汁。

蘋果

切成適當大小，去芯和籽之後（不用去皮，顏色比較漂亮），做為裝飾用。

糖漬櫻桃

用刺針穿刺糖漬櫻桃，裝飾在雞尾酒杯的邊緣或是沉入杯中做為裝飾。

Other Taste
其他的配料

許多材料可以做為雞尾酒的配料，有的專供裝飾，有的則用於增添風味，尤其常會用到糖漿類，不妨多準備幾種，調製雞尾酒的時候更加便利。

薄荷

薄荷具有特殊的清涼味道，薄荷葉也經常做為雞尾酒的裝飾。

柑橘皮

指的是柳橙、檸檬等柑橘類的果皮，切成適當的形狀與大小裝飾在杯緣，或是把柑橘皮的油脂成分擠入雞尾酒當中增添風味。

豆蔻

一般是使用豆蔻粉，撒在雞尾酒中。主要用在以鮮奶油、牛奶調配而成的雞尾酒。

丁香

丁香是一種香料，主要用在熱的雞尾酒，最有名的是「Hot whisky toddy」（熱威士忌托地）。

肉桂條

肉桂條通常用來替代攪拌棒的功用。另外，肉桂粉則撒進雞尾酒中以增添風味。

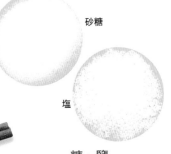

砂糖

塩

糖、鹽

方糖、砂糖主要用來增加甜度；調配「鹽口杯」或「糖口杯」雞尾酒的話，則需要用到鹽或砂糖。

糖漿

水和糖做成的無色透明的糖漿,專門用來增加雞尾酒的甜味。

紅石榴糖漿

用紅石榴提煉而出的紅色糖漿,可以為雞尾酒增添顏色與甜味。

萊姆糖漿

萊姆汁加糖製成萊姆糖漿。以前很難買到新鮮的萊姆,所以一般可以選用萊姆糖漿來替代。

TABASCO辣醬

這是用辣椒做成的辣醬,具有辣椒的香味與辣味,主要用於添加番茄醬的雞尾酒當中。

鮮奶油

添加鮮奶油可以增加雞尾酒的濃度與滑順的口感。調配雞尾酒應選用含45%乳脂肪的鮮奶油或是咖啡用的奶油。

蛋

可以分開使用蛋白與蛋黃,增加雞尾酒的營養成分,「Eggnog」(蛋酒)就是用雞蛋調配而成的雞尾酒。應該選用新鮮雞蛋來調配雞尾酒。

雞尾酒配方速查表

	雞尾酒名稱	飲用時間	調製法	度數	基酒的酒精（A）
以琴酒為基酒	馬丁尼（標準口味）			44.2	澀味琴酒60
	澀味馬丁尼			46.5	澀味琴酒60
	淡味馬丁尼			37.9	柑橘琴酒50
	渾濁馬丁尼			37	澀味琴酒1glass
	琴義苦艾酒			26	澀味琴酒30
	古典澀味馬丁尼			32	澀味琴酒40
	杜克馬丁尼			47	Tanqueray琴酒1glass
	愛爾蘭馬丁尼			41	澀味琴酒45
	煙霧馬丁尼			41	澀味琴酒45
	不甜馬丁尼			38	澀味琴酒50
	歌劇馬丁尼			30	澀味琴酒30
	巴黎馬丁尼			32	澀味琴酒30
	公園大道馬丁尼			28	琴酒30
	龐德馬丁尼			42	GORDON'S琴酒90
	甜入我心馬丁尼			36	Tanqueray琴酒40
	決心馬丁尼			30	澀味琴酒30
	J.F.K			40	澀味琴酒30
	夢露			31	Tanqueray琴酒20
	吉普生			39	澀味琴酒60
	坦奎利帝國			28	Tanqueray澀味琴酒30
	擊倒			35	澀味琴酒30
	阿拉斯加			40	澀味琴酒45
	綠色阿拉斯加			42	澀味琴酒45
	榮耀的馬丁尼			34	Tanqueray琴酒40
	柯夢波丹馬丁尼			20	Tanqueray琴酒20
	大使			36	澀味琴酒70
	馬丁尼茲雞尾酒			20	Old Tom琴酒10
	美人痣			28	Tanqueray琴酒30
	琴蕾【標準】			36.1	BEEFEATER琴酒50
	琴蕾【澀味】			36.1	BEEFEATER琴酒50
	琴蕾【淡味】			28.5	PLYMOUTH琴酒40
	琴苦酒			32	澀味琴酒60
	琴湯尼			14.1	澀味琴酒45
	藍色珊瑚礁			40	澀味琴酒45
	小王冠			40.3	澀味琴酒45
	高登			42.3	澀味琴酒50
	橘花			35	澀味琴酒45
	金巴利雞尾酒			35.5	澀味琴酒30

其他酒類（B）	無酒精飲料（C）	其他	頁碼
澀味苦艾酒 1tsp.		橄欖1個	34
澀味苦艾酒 1tsp.		檸檬皮1片、橄欖1個	35
澀味苦艾酒 10、柑橘苦精1dash		橄欖1個	35
	橄欖浸漬液1tsp.	橄欖1個	36
甜味苦艾酒 30			36
澀味苦艾酒 15、柑橘苦精1dash			37
澀味苦艾酒1dash		檸檬皮1個、腰果1個、橄欖1個	37
愛爾蘭威士忌15		檸檬皮1個	37
約翰走路黑牌威士忌15			38
澀味雪莉酒10		橄欖1個	38
DUBONNET香甜酒20、櫻桃香甜酒10		檸檬皮1片	38
澀味苦艾酒20、黑醋栗甜酒10			39
甜味苦艾酒20	鳳梨汁20		39
Smirnoff伏特加30、苦艾酒10		檸檬皮1片	40
甜味苦艾酒15		糖漬櫻桃1個、柑橘皮1片	40
杏桃白蘭地20	檸檬汁10		40
Grand Marnier橙酒10、澀味雪莉酒10、柑橘苦精2dash		橄欖1個、柑橘皮1個	41
DUBONNET香甜酒20、水蜜桃香甜酒10、Grand Marnier橙酒10			41
澀味苦艾酒1dash		小洋蔥1個	42
Grand Marnier橙酒20、Moët & Chandon香檳酒適量	萊姆糖漿10		42
澀味苦艾酒20、保樂利加酒(Pernod)10、白薄荷香甜酒1tsp.			43
查特酒（Chartreuse）15、柑橘苦精1dash		檸檬皮1片	43
綠色查特酒（Chartreuse）15			43
Grand Marnier橙酒5、Galliano香草酒1tsp.	新鮮檸檬汁10、玫瑰糖漿5	紅糖、白糖各少許	44
Grand Marnier橙酒10	蔓越莓果汁20、萊姆汁10		44
澀味苦艾酒10、白葡萄酒1tsp.		檸檬皮適量	45
甜味苦艾酒40、Angostura苦精1dash、櫻桃香甜酒2 dash	糖漿2 dash		45
澀味苦艾酒15、甜味苦艾酒15	柳橙汁1tsp.、紅石榴糖漿 1/2tsp		45
	Cordial萊姆糖漿10、新鮮萊姆汁1tsp.		48
	新鮮萊姆汁10、Cordial萊姆糖漿 1tsp.		48
	Cordial萊姆糖漿15	冰塊1塊	48
Angostura苦精1dash			49
	通寧汽水適量	萊姆片1片	49
綠薄荷香甜酒15		糖漬櫻桃1個	50
TAWNY波特酒15		檸檬皮1片	50
略甜雪莉酒10		小洋蔥1個	51
	柳橙汁15		51
CAMPARI香甜酒30			51

	雞尾酒名稱	飲用時間	調製法	度數	基酒的酒精（Ａ）
以琴酒為基酒	黑夜之吻			30	澀味琴酒20
	沙樂美			28	澀味琴酒20
	營房謠			28	澀味琴酒30
	地震			42	澀味琴酒20
	霧			33.3	澀味琴酒20
	藍月			34	澀味琴酒40
	綠色惡魔			38.3	澀味琴酒40
	亞歷山大之妹			22.7	澀味琴酒20
	水晶露			44	澀味琴酒45
	琴利奇			14.1	澀味琴酒45
	琴戴茲			30.2	澀味琴酒45
	D.O.M雞尾酒			38	澀味琴酒40
	莎莎			39.3	澀味琴酒45
	開胃酒			25	澀味琴酒25
	雪白佳人			34	澀味琴酒30
	瑪麗公主			24	澀味琴酒20
	石弓			37.3	澀味琴酒20
	天堂樂園			29.5	澀味琴酒30
	修道院			30	澀味琴酒40
	托迪			32.3	澀味琴酒20
以伏特加為基酒	俄羅斯吉他【標準】			27.6	SKYY伏特加30
	俄羅斯吉他【澀味】			30.7	SKYY伏特加40
	俄羅斯吉他【淡味】			24.6	SKYY伏特加20
	鹹狗			12	伏特加45
	大榔頭			34	伏特加60
	血腥瑪莉			15	伏特加45
	血腥凱撒			12	伏特加45
	白蜘蛛			36	伏特加45
	綠蜘蛛			35.5	伏特加45
	黑色俄羅斯			35	伏特加40
	黑雲			30	伏特加40
	螺絲起子			12	伏特加45
	高爾基公園			15	伏特加45
	教母			37	伏特加45
	公牛砲彈			8	伏特加30
	古典英格蘭			28	伏特加30
	莫斯科騾子【標準】			13.3	SKYY伏特加40
	莫斯科騾子【澀味】			13.3	SMIRNOFF伏特加50° 40
	莫斯科騾子【淡味】			13.3	SKYY伏特加40
	俄羅斯			35	伏特加20

	以蘭姆酒為基酒	飲用時間	調製法	度數	基酒的酒精（A）
以伏特加為基酒	白色俄羅斯			22.2	伏特加40
	同志			28	伏特加30
	南方鞭炮			8.4	伏特加30
	瑪麗蓮夢露			35.3	伏特加45
	藍色星期一			39.1	伏特加45
	綠海			29.8	伏特加30
	銀色羽翼			34.3	伏特加30
	黃色伙伴			20	伏特加20
	模糊神風			29.6	伏特加45
	神風			26.7	伏特加20
	雪鄉			30	伏特加30
	路跑者			27	伏特加30
	帕納雪			30	伏特加30
	鹽漬地			10	伏特加30
	海灣微風			10	伏特加40
	馬德拉斯			10	伏特加40
	芭芭拉			21	伏特加20
	午夜酒			34.3	伏特加40
	紫色激情			10	伏特加40
以蘭姆酒為基酒	戴吉利【標準】			24	BACARDI白色蘭姆酒45
	戴吉利【澀味】			25.7	BACARDI白色蘭姆酒45
	戴吉利【淡味】			10	BACARDI金色蘭姆酒30
	自由古巴			12	白色蘭姆酒45
	傑克史東酷樂			16	深色蘭姆酒60
	小惡魔			40	白色蘭姆酒30
	黑色惡魔			32	白色蘭姆酒40
	小公主			28	白色蘭姆酒30
	霜凍戴吉利			13	金色蘭姆酒30
	戴吉利花			20	白色蘭姆酒30
	巴卡迪			30	BACARDI白色蘭姆酒45
	聖地牙哥			37	白色蘭姆酒55
	X.Y.Z			30	白色蘭姆酒30
	後甲板			29	白色蘭姆酒40
	邁阿密			38	淡味蘭姆酒40
	農夫的雞尾酒			20	白色蘭姆酒30
	哥倫布			26	金色蘭姆酒30
	最後一吻			36	白色蘭姆酒45
	金髮美女			27	白色蘭姆酒20
	埃及豔后			25	白色蘭姆酒25
	熱情美女			21	白色蘭姆酒20

其他酒類（B）	無酒精飲料（C）	其他	頁碼
咖啡香甜酒20		鮮奶油適量	75
Hermes Kummer香甜酒15	萊姆汁15		76
Southern Comfort香甜酒15	柳橙汁適量		76
CAMPARI香甜酒10、甜味苦艾酒5			77
君度橙酒15、藍柑橘香甜酒1tsp.			77
澀味苦艾酒15、綠薄荷香甜酒15			77
君度橙酒15、澀味苦艾酒15			78
白柑橘香甜酒10	鳳梨汁30		78
水蜜桃香甜酒15	新鮮萊姆汁10		78
白柑橘香甜酒20	新鮮萊姆汁20		79
白柑橘香甜酒15	萊姆糖漿15	砂糖適量、檸檬片1片、綠櫻桃1個	79
杏仁香甜酒15	椰奶15	豆蔻粉適量	80
澀味苦艾酒20、櫻桃白蘭地10		糖漬櫻桃1個	80
	葡萄柚汁45、通寧汽水45	檸檬片1片、鹽適量	81
	鳳梨汁60、蔓越莓汁60		81
	柳橙汁60、蔓越莓汁60		81
可可香甜酒20		鮮奶油20	82
白可可香甜酒10、綠薄荷香甜酒10			82
	葡萄汁60、葡萄柚汁60		82
	檸檬汁15	糖漿10	90
	新鮮萊姆汁15	糖漿10	90
	檸檬汁15	糖漿15、紅石榴糖漿2tsp.	90
	可樂適量	檸檬1/4個	91
	蘇打汽水倒滿	檸檬1個	91
澀味琴酒30			92
澀味苦艾酒20		黑橄欖1個	92
甜味苦艾酒30			92
	檸檬汁15	糖漿1tsp.、紅石榴糖漿 1tsp.、薄荷葉適量	93
櫻桃香甜酒1dash	柳橙汁30		93
	檸檬汁15	紅石榴糖漿2tsp.	94
	萊姆汁2tsp.	紅石榴糖漿2tsp.	94
君度橙酒15	檸檬汁15		95
澀味雪莉酒20	萊姆汁1tsp.		95
君度橙酒20	檸檬汁1tsp.		95
	柳橙汁20、檸檬汁1tsp.		96
杏桃白蘭地15	新鮮檸檬汁15		96
白蘭地10	檸檬汁5		96
白柑橘香甜酒20		鮮奶油20	97
咖啡香甜酒20		鮮奶油15、豆蔻粉適量	97
黃柑橘香甜酒20		鮮奶油20	97

237

	雞尾酒名稱	飲用時間	調製法	度數	基酒的酒精（A）
以蘭姆酒為基酒	哈瓦納海灘			20	白色蘭姆酒30
	加勒比			20	白色蘭姆酒30
	真情羅曼史			25.8	白色蘭姆酒20
	黑色魔法			33	深色蘭姆酒40
	黑色激情			35	白色蘭姆酒45
	幻想之舞			23.7	蘭姆酒30
	布朗			35	白色蘭姆酒20
	蜜蜂之吻			26	白色蘭姆酒40
	阿囉哈			40	白色蘭姆酒45
	巴卡地阿諾			28	Bacardi白色蘭姆酒40
	內華達			26	白色蘭姆酒40
	阿卡波卡			30	白色蘭姆酒40
	古巴			28	白色蘭姆酒35
以龍舌蘭酒為基酒	瑪格麗特【標準】			27.6	Sauza Blanco 30
	瑪格麗特【澀味】			27.6	CUERVO 1800 30
	瑪格麗特【淡味】			15	Sauza Blanco 30
	霜凍瑪格麗特			20	龍舌蘭酒30
	藍色瑪格麗特			26	龍舌蘭酒30
	橙酒瑪格麗特			30	龍舌蘭酒30
	日出龍舌蘭			13	龍舌蘭酒45
	日落龍舌蘭			16	龍舌蘭酒30
	鬥牛士			13	龍舌蘭酒30
	野莓龍舌蘭			26	龍舌蘭酒30
	康奇塔			20	龍舌蘭酒30
	T.T.T			11	龍舌蘭酒30
	惡魔			12	龍舌蘭酒30
以威士忌酒為基酒	曼哈頓【標準】			32	Canadian Club 45
	曼哈頓【澀味】			30.6	Canadian Club 45
	曼哈頓【淡味】			30.6	Canadian Club 45
	鏽釘子			42	蘇格蘭威士忌40
	霧釘子			30	愛爾蘭威士忌45
	漂浮威士忌			30	威士忌45
	威士忌蘇打			12	威士忌45
	熱威士忌托迪			11	威士忌45
	獵人			35	威士忌40
	肯塔基			30	波本威士忌40
	爺爺			38.3	愛爾蘭威士忌40
	澀味曼哈頓			34	裸麥威士忌45
	老夥伴			27	加拿大威士忌20
	高帽子			27	波本威士忌35

	雞尾酒名稱	飲用時間	調製法	度數	基酒的酒精（A）
以威士忌為基酒	蘇格蘭裙			30	蘇格蘭威士忌45
	班尼迪克			30	蘇格蘭威士忌30
	加糖裸麥威士忌			30	裸麥威士忌40
	羅伯羅依			36	蘇格蘭威士忌45
	鮑比邦斯			30	蘇格蘭威士忌45
	H.B.C雞尾酒			33	蘇格蘭威士忌20
	紐約			30	波本威士忌45
	愛爾蘭玫瑰			30	愛爾蘭威士忌45
	洛陽			30	Suntroy山崎10年30
	老式情懷			30	威士忌45
	邁阿密海灘			28	威士忌35
	竊竊私語			30	蘇格蘭威士忌20
	溫布萊			20	蘇格蘭威士忌20
	威士忌沙瓦			22	波本威士忌45
	媽咪泰勒			15	蘇格蘭威士忌45
	愛爾蘭咖啡			10	愛爾蘭威士忌30
	啦啦隊女孩			20	波本威士忌40
	加拿大之秋			28	加拿大威士忌30
以白蘭地為基酒	側車【標準】			27.6	COURVOISIER VSOP 30
	側車【澀味】			30.7	COURVOISIER VSOP 40
	側車【淡味】			26.4	COURVOISIER VSOP 30
	馬頸			30	白蘭地30
	譏諷者			36	白蘭地45
	惡魔			35	白蘭地45
	奧林匹克			26	白蘭地20
	卡蘿			32	白蘭地40
	霹靂神探			36	白蘭地40
	香蕉天堂			32	白蘭地30
	黯淡的母親			33	白蘭地40
	紅磨坊			12	白蘭地30
	上路前再乾一杯			18	白蘭地25
	亞歷山大			21	干邑白蘭地20
	嗡嗡嗡雞尾酒			20	白蘭地30
	睡前酒			17	白蘭地10
	伊麗莎白女王			28	干邑白蘭地30
	班尼狄克雞尾酒			30	白蘭地30
	白蘭地費克斯			22	白蘭地30
	白蘭地沙瓦			17	白蘭地45
	夢鄉			30	白蘭地45
	蜘蛛之吻			20	干邑白蘭地20

	雞尾酒名稱	飲用時間	調製法	度數	基酒的酒精（A）
以白蘭地為基酒	薩拉托加			30	白蘭地40
	死而復生			36	白蘭地40
	法國祖母綠			12	干邑白蘭地30
	天堂之吻			32	白蘭地20
	威力史密斯			34	白蘭地40
	香榭麗舍			30	干邑白蘭地30
	蜜月			26	蘋果白蘭地30
	30歲			22	白蘭地30
以葡萄酒為基酒	基爾【標準】			12.7	澀味白葡萄酒1glass
	基爾【澀味】			16.3	TIO PEPE 60
	基爾【淡味】			11.2	澀味白葡萄酒120
	皇家基爾			12	香檳酒120
	香檳雞尾酒			20	香檳酒適量
	含羞草			6	香檳酒1/2glass
	卡拉瓦喬			8.7	香檳酒90
	藍色香檳			14.4	香檳酒適量
	史普利滋亞			8	白葡萄酒60
	卡蒂娜			14.4	紅葡萄酒4/5glass
	美國佬			20	甜苦艾酒30
	托尼托尼			15	黃褐色波特酒90
	拉貝洛波特酒			7	白色波特酒60
	貝里尼			8	氣泡葡萄酒2/3glass
	竹子			16	澀味雪莉酒45
	苦艾黑醋栗			9	澀味苦艾酒45
	阿丁頓			13	澀味苦艾酒30
	極樂蓋亞			7	寶石紅波特酒60
	阿多尼斯			16	澀味雪莉酒60
	接線生			8.1	白葡萄酒90
	慶典			15	香檳酒30
	基索爾			14	白葡萄酒30
	倒敘			21	波特酒15
以香甜酒為基酒	綠色蚱蜢【標準】			13.8	白可可香甜酒20
	綠色蚱蜢【澀味】			14.1	棕可可香甜酒20
	綠色蚱蜢【淡味】			11.2	白可可香甜酒30
	天使之吻			16	可可香甜酒30
	瓦倫西亞			12	杏桃白蘭地30
	肚臍			8.3	水蜜桃香甜酒30
	金巴利蘇打			7	Campari苦酒45
	金巴利柳橙			7	Campari苦酒45
	帕斯提斯水			17	Ricard茴香酒30

其他酒類（B）	無酒精飲料（C）	其他	頁碼
櫻桃香甜酒10	鳳梨汁10		150
蘋果白蘭地10、甜味苦艾酒10		檸檬皮1片	150
藍柑橘香甜酒10	通寧汽水適量		151
蜂蜜香甜酒20、澀味苦艾酒20			151
櫻桃香甜酒20	檸檬汁1tsp.		151
黃色查特酒（Chartreuse）15、Angostura苦精1dash	檸檬汁15		152
Benedictine DOM10、黃柑橘香甜酒5	檸檬汁15	糖漬櫻桃1個	152
杏仁香甜酒30		鮮奶油15、蛋黃1/2個、巧克力粉適量	152
黑醋栗香甜酒10			160
黑醋栗香甜酒1tsp.			160
黑醋栗香甜酒10	葡萄汁20		160
黑醋栗香甜酒10			161
Angostura苦精2dash		方糖1個、柳橙皮1個	161
	新鮮柳橙汁1/2glass		162
	芒果汁30~45		162
藍柑橘香甜酒1tsp.			162
	蘇打汽水適量	萊姆片1片	163
黑醋栗香甜酒1/5glass			163
CAMPARI香甜酒30		檸檬皮1片	164
	紅茶適量	檸檬片1片、薄荷葉1片	164
	鳳梨汁90		164
	水蜜桃果汁1/3glas	紅石榴糖漿1dash	165
澀味苦艾酒15、柑橘苦精1dash			165
黑醋栗香甜酒30	蘇打汽水適量		166
甜味苦艾酒30	蘇打汽水15	柳橙皮1片	166
	水蜜桃果汁90、蘇打汽水適量		167
甜味苦艾酒15、柳橙苦精1dash			167
	檸檬汁1tsp.、薑汁汽水45~60	檸檬片1片	167
覆盆子香甜酒20、干邑白蘭地10	萊姆糖漿1dash		168
黑醋栗香甜酒10、水蜜桃香甜酒10、Charleston Follies香甜酒1tsp.	葡萄柚汁20	糖漬櫻桃1個、薄荷葉1片	168
伏特加20、櫻桃香甜酒15	柳橙汁10、檸檬汁1tsp.	糖漬櫻桃1個	168
綠薄荷香甜酒GET27 20		鮮奶油20	176
綠薄荷香甜酒GET27 20		鮮奶油20	176
綠薄荷香甜酒GET27 30		香草冰淇淋1disher	176
		鮮奶油15、糖漬櫻桃1個	177
	柳橙汁30		177
	新鮮柳橙汁30	柳橙片1/2片、檸檬片1片、糖漬櫻桃1個	178
	蘇打汽水適量	柳橙片1/2片	178
	柳橙汁適量		178
	礦泉水適量		179

	雞尾酒名稱	飲用時間	調製法	度數	基酒的酒精（A）
以香甜酒為基酒	蘇絲湯尼			6	Suze香甜酒45
	雪球			4	蛋黃酒30
	皮康＆紅石榴			5	PICON苦酒45
	阿美莫尼			4.5	PICON苦酒30
	泡泡			7	Campari苦酒30
	迪塔莫尼			6	DITA香甜酒30
	查里·卓別林			21	杏桃白蘭地20
	珍珠港			18	哈蜜瓜香甜酒40
	櫻桃黑醋栗			16	白色櫻桃香甜酒30
	腦內出血			16	水蜜桃香甜酒45
	巴巴基娜			15	莫札特巧克力奶油香甜酒30
	郝思嘉			15	SOUTHERN COMFORT30
	求婚			15	百香果香甜酒20
	拉費斯塔			14	山竹香甜酒20
以啤酒、日本酒、燒酎為基酒	黑絲絨			9	黑啤酒1/2glass
	紅眼			2	啤酒1/2glass
	啤酒蘇打			7	啤酒60
	躍昇			19	啤酒適量
	狗鼻子			11	啤酒適量
	金巴利啤酒			7	啤酒適量
	香堤			2	啤酒1/2glass
	紅酒香堤			7	啤酒1/3glass
	摩尼啤酒			6	啤酒適量
	紅鳥			10	啤酒適量
	便當盒			7	啤酒適量
	日式丁尼			16	日本酒60
	武士			12	日本酒45
	燒酎丁尼			29	燒酎(白色蒸餾酒)50
	薩摩小町			22	芋燒酎30
	燒酎可爾必思熱飲			9	米燒酎45
	村雨			25	麥燒酎45
	春雪			14	燒酎(白色蒸餾酒)40
	末代武士			18	米燒酎30

244

其他酒類（B）	無酒精飲料（C）	其他	頁碼
	通寧汽水適量		179
	7up汽水適量		179
	蘇打汽水適量、紅石榴糖漿10	檸檬皮1個	180
	新鮮葡萄柚汁30、通寧汽水適量		180
	葡萄柚汁30、通寧汽水適量		180
	新鮮葡萄柚汁30、通寧汽水適量		181
黑刺李琴酒20	檸檬汁20		181
伏特加15	鳳梨汁15		182
黑醋栗香甜酒30	蘇打汽水適量		182
Baileys奶油香甜酒15		紅石榴糖漿1tsp.	182
白蘭地15		鮮奶油15	183
	蔓越莓汁20、新鮮檸檬汁10		183
杏仁香甜酒15、荔枝香甜酒5	鳳梨汁20	紅石榴糖漿1tsp.、檸檬皮1片、小玫瑰1個、糖漬櫻桃1個	184
Grappa白蘭地10、藍莓香甜酒10	新鮮葡萄柚汁20	紅石榴糖漿1tsp.、彩虹糖適量、螺旋狀萊姆皮1條、螺旋狀檸檬皮1條、糖漬櫻桃1個、檸檬片1片	184
香檳酒1/2glass			190
	番茄汁1/2glass		190
白葡萄酒60		半月型檸檬片1片	191
伏特加120			191
澀味琴酒45			191
CAMPARI香甜酒30			192
	薑汁汽水1/2glass		192
紅葡萄酒1/3glass	薑汁汽水1/3glass		192
CAMPARI香甜酒30	新鮮葡萄柚汁30		193
伏特加45	番茄汁60		193
杏仁香甜酒20	柳橙汁30		193
澀味苦艾酒3滴		小洋蔥1個、檸檬皮1片	194
	萊姆汁15、檸檬汁1tsp.		194
澀味苦艾酒10、柑橘苦精1dash		橄欖1個	195
君度橙酒15	檸檬汁15	檸檬片1片、鹽少許	195
	可爾必思10、熱開水倒滿		195
蜂蜜香甜酒10	檸檬汁1tsp.		196
綠茶香甜酒10	可爾必思10		196
櫻桃白蘭地15	新鮮萊姆汁15	櫻桃1個、萊姆皮1個	196

雞尾酒的索引

〔筆畫排序〕

15～17劃

18～20劃

21～24劃

〔酒精度數分類〕

31〜35°

監修

日本飯店調酒協會(HBA)會長

渡邊一也

東京京王Plaza Hotel飲料部總經理。

在1988年第15屆HBA創作雞尾酒大賽中,曾經以「慶典」的雞尾酒作品榮獲大獎。

平時熱心參與雞尾酒協會的各項活動,積極開發新技巧,熱誠培育新人,於2005年,獲得東京優秀技能都知事獎章;2006年擔任日本飯店調酒協會第六屆會長,希望藉由雞尾酒來發展飲酒文化。

TITLE

雞尾酒的黃金方程式

STAFF

出版	三悦文化圖書事業有限公司
監修	渡邊一也
譯者	郭玉梅

總編輯	郭湘齡
責任編輯	朱哲宏
文字編輯	王瓊苹、闕韻哲
美術編輯	朱哲宏
排版	執筆者設計工作室
製版	明宏彩色照相製版股份有限公司
印刷	桂林彩色印刷股份有限公司

代理發行	瑞昇文化事業股份有限公司
地址	台北縣中和市景平路464巷2弄1-4號
電話	(02)2945-3191
傳真	(02)2945-3190
網址	www.rising-books.com.tw
e-Mail	resing@ms34.hinet.net

劃撥帳號	19598343
戶名	瑞昇文化事業股份有限公司

本版日期	2014年2月
定價	300元

國家圖書館出版品預行編目資料

雞尾酒的黃金方程式 ╱ 渡邊一也監修；郭玉梅譯.
-- 初版. -- 台北縣中和市：
三悦文化圖書出版：瑞昇文化發行，2009.11
256面；14.8×21公分

ISBN 978-957-526-905-0 (平裝)

1.調酒

427.43   98021200

UMAI COCKTAIL NO HOTEISHIKI by Kazuya Watanabe
Copyright © Nitto Shoin Honsha Co., Ltd, 2008
All rights reserved.
Original Japanese edition published by Nitto Shoin Honsha.

This Traditional Chinese language edition is published by arrangement with
Nitto Shoin Honsha, Tokyo in care of Tuttle-Mori Agency, Inc., Tokyo
through LEE's Literary Agency, Taipei